Die Berechnung von Straßenbahn- und anderen Schwellenschienen

Von

Max Buchwald
Ingenieur

Mit 7 Textabbildungen und 24 Tafeln

Springer-Verlag Berlin Heidelberg GmbH

1913

ISBN 978-3-662-24224-7   ISBN 978-3-662-26337-2 (eBook)
DOI 10.1007/978-3-662-26337-2

Vorwort.

Die vorliegende Tafelsammlung fußt auf einer in der „Zeitschrift für Kleinbahnen" niedergelegten Studie des Verfassers[1]), und diese Abhandlung wieder wurde veranlaßt durch das Fehlen einer praktisch brauchbaren Theorie für die statische Berechnung von Langschwellen- oder Schwellenschienengleisen. Denn die von den Eisenbahnen übernommene Berechnungsweise für solche Gleise, die nach der gänzlichen Aufgabe dieser im Vollbahnbetriebe nicht weiter entwickelt worden ist, gibt wegen der Annahme einer gleichmäßigen Lastverteilung auf die Bettung in allen Fällen zu geringe Werte und versagt durchaus für die bei den Straßen-, Klein- und Industriebahnen gebräuchlichen kurzen Achsstände.

Der Verfasser glaubt, mit dieser Arbeit einem Bedürfnis entgegenzukommen, und hofft, daß dieselbe nicht nur für die Verwaltungen von Bahnen aller Art, für die Wegebesitzer und Aufsichtsbehörden, sondern auch für Schienenwalzwerke und andere Oberbaumateriallieferanten von Nutzen sein wird, sowohl in bezug auf die Verminderung der Rechnungsarbeit als auch auf die Auswahl eines Oberbaues, der hinreichende Tragfähigkeit mit möglichster Wirtschaftlichkeit vereint.

Hamburg, im Februar 1913.

Buchwald.

---

[1]) Das Straßenbahngleis und der Schienenstoß; Jahrgang 1911, S. 861 u. f.

Inhalt.

	Seite
Vorwort	
A. Einleitung	1
B. Grundlagen für die Berechnung	1
I. Betriebsbelastung und Einfluß der bewegten Last	2
II. Achsstand und Achsenzahl	2
III. Schienenquerschnitt	3
IV. Beanspruchung des Schienenstahles und Abnutzung der Schienen	4
V. Bettung und Bettungsdruck	5
C. Gang der Berechnung	6
I. Unabhängige Einzellasten	6
II. Mehrere sich gegenseitig beeinflussende Einzellasten	7
III. Zahlenbeispiele	8
D. Benutzung der Tafeln	10
I. Beispiel: Schiene gesucht	10
II. „ Bettung gesucht	11
III. „ Schiene und Bettung gesucht	12
IV. „ Tragfähigkeit der Schienen	13
V. „ Untersuchung vorhandener Gleise	13
VI. Zwischenwerte	14
E. Schlußbemerkung	15

Verzeichnis der Tafeln.

Tafel	1.	Schienenfußbreite $b = 10$ cm,	Bettungsdruck	$p = 1{,}0$	kg/qcm
„	2.	„	„	„	$p = 1{,}5$	„
„	3.	„	„	„	$p = 2{,}0$	„
„	4.	„	$b = 12$ cm,	„	$p = 1{,}0$	„
„	5.	„	„	„	$p = 1{,}5$	„
„	6.	„	„	„	$p = 2{,}0$	„
„	7.	„	$b = 13$ cm,	„	$p = 1{,}0$	„
„	8.	„	„	„	$p = 1{,}5$	„
„	9.	„	„	„	$p = 2{,}0$	„
„	10.	„	$b = 14$ cm,	„	$p = 1{,}0$	„
„	11.	„	„	„	$p = 1{,}5$	„
„	12.	„	„	„	$p = 2{,}0$	„
„	13.	„	$b = 15$ cm,	„	$p = 1{,}0$	„
„	14.	„	„	„	$p = 1{,}5$	„
„	15.	„	„	„	$p = 2{,}0$	„
„	16.	„	$b = 16$ cm,	„	$p = 1{,}0$	„
„	17.	„	„	„	$p = 1{,}5$	„
„	18.	„	„	„	$p = 2{,}0$	„
„	19.	„	$b = 18$ cm,	„	$p = 1{,}0$	„
„	20.	„	„	„	$p = 1{,}5$	„
„	21.	„	„	„	$p = 2{,}0$	„
„	22.	„	$b = 20$ cm,	„	$p = 1{,}0$	„
„	23.	„	„	„	$p = 1{,}5$	„
„	24.	„	„	„	$p = 2{,}0$	„

A. Einleitung.

Zu den nachfolgenden 24 Tafeln ist zu bemerken, daß die Anzahl derselben sich ergeben hat aus der Wahl der Schienenfußbreite und aus den unter B. V näher erläuterten Bettungsdrücken. Als Schienenfußbreite wurde in Abständen von ganzen Zentimetern diejenige der meist angewendeten Querschnittsformen zugrunde gelegt, wobei die ganz schwachen mit einer Fußbreite unter 10 cm, ferner die wenigen Querschnitte, deren Fußbreite 20 cm überschreitet, und einige ungangbare Zwischenabmessungen ausgeschaltet worden sind. Ergebnisse für Zwischenabmessungen können durch Interpolation erhalten werden; vgl. D. VI.

Der Umfang der Tafeln ist so gewählt worden, daß die der betreffenden Schienenfußbreite entsprechenden Widerstandsmomente nach beiden Seiten reichlich überschritten werden, damit sowohl übermäßig große als auch geringe Beanspruchungen der Schienen festgestellt werden können.

Die Betriebsbelastung ist ebenfalls den Schienen angepaßt und umfaßt für die Gesamtheit der Tafeln das ganze Gebiet zwischen leicht belasteten Industriebahnen und Anschluß- oder Hafenbahnen mit Eisenbahnbetrieb.

Die Achsstände sind für zweiachsige Fahrzeuge angegeben und finden nach oben ihre Begrenzung durch die für die betreffende Tafel gewählte Betriebsbelastung; sie gehen in Berücksichtigung kurzer Drehgestelle, Rollböcke und dergl. herunter bis auf 1 m. Kleinere Achsstände und Zwischenmaße können, da die die Ergebnisse darstellenden Linien infolge der schwindenden W-Teilung sämtlich zu gleich weit voneinander entfernten Geraden werden, erforderlichenfalls ohne jede Rechnung zeichnerisch leicht nachgetragen werden.

B. Grundlagen für die Berechnung.

Zur statischen Untersuchung einer Schwellenschiene ist die Kenntnis der nachstehend angegebenen äußeren und inneren Kräfte und Abmessungen erforderlich; die für diese weiterhin benutzten Bezeichnungen sind beigefügt.

Buchwald, Berechnung.

Betriebsbelastung . . . . = P
Achsstand . . . . = a
Schienenfußbreite . . . . = b
Beanspruchung des Schienenstahles . . . . . . = k
Bettungsdruck . . . . = p

I. Betriebsbelastung und Einfluß der bewegten Last.

Für die Berechnung der Schiene ist zunächst der Raddruck D gegeben. Bei größerer Geschwindigkeit der Fahrzeuge genügt die Einsetzung dieser Last allein nicht mehr, da durch die Bewegung infolge der unvermeidlichen Ungleichmäßigkeiten in der Gleislage Schwingungen der Tragfedern hervorgerufen werden, die die Radbelastung vergrößern. Durch die folgende Bemessung der Betriebsbelastung kann der verschiedenen größten Fahrgeschwindigkeit V Rechnung getragen werden.

$$P = \quad D \text{ bei V bis } 10 \text{ km/St.}$$
$$P = 1{,}25 \, D \text{ ,, V bis } 20 \quad \text{,,}$$
$$P = 1{,}50 \, D \text{ ,, V über } 20 \quad \text{,,}$$

II. Achsstand und Achsenzahl.

Der Achsstand verringert die Tragfähigkeit der Schiene dann, wenn die Einzellasten der Räder sich in bezug auf die Verteilung des Bettungsdruckes gegenseitig beeinflussen; vgl. C. II.

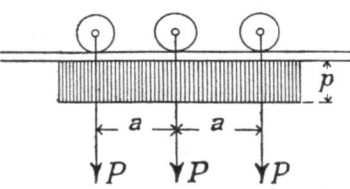

Abb. 1. Dreiachsiges Fahrzeug.

Die Tafeln sind sowohl für unabhängige Einzellasten als auch für zwei solche, die einander beeinflussen, berechnet. Sie gelten also für zweiachsige Fahrzeuge und für die weit auseinander liegenden Drehgestelle vierachsiger Wagen.

Für drei- oder mehrachsige Fahrzeuge mit kurzem Achsstand, wie Lokomotiven, besteht bei annähernd gleichen Radlasten, damit die Mittelachsen keine wesentlich größeren Bettungsbelastungen erzeugen als die seitlichen, nach Abb. 1 die Bedingung

$$b\,p\,a = P,$$

worin a bei verschiedenen Achsständen den kleinsten derselben und P die größte Betriebslast bezeichnet. Es ist in solchen Belastungsfällen also die untere Grenze des Bettungsdruckes bzw. der Schienenfußbreite festgelegt, und es ergibt sich

$$p > \frac{P}{ba} \quad \text{oder} \quad b > \frac{P}{pa}.$$

III. Schienenquerschnitt.

Die auf freier Strecke zu verlegenden einfachen Breitfußschienen wie auch die Fahrschiene des mehrteiligen Straßenbahnoberbaues sind symmetrisch zur Querschnittsachse ausgebildet und übertragen daher in der Querebene die Betriebsbelastung gleichmäßig auf die Bettung. Beim mehrteiligen Oberbau darf wegen der zur Kraftübertragung wenig geeigneten Verbindung beider Schienen nach Abb. 2 als Fußbreite nur diejenige der Fahrschiene genommen werden.

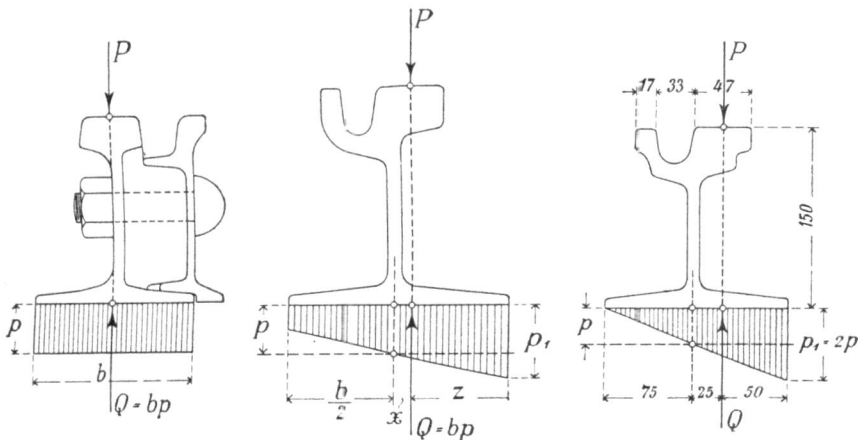

Abb. 2. Zweiteilige Rillenschiene. (Wechselsteg-Verblattschiene).

Abb. 3. Einteilige Rillenschiene.

Abb. 4. Einteilige Rillenschiene.

Die einteilige Rillenschiene zeigt sowohl infolge der angewalzten Rille als auch in Rücksicht auf den Lastwagenverkehr der Straße einen unsymmetrischen Querschnitt; Fuß- und Kopfmitte fallen nicht zusammen und es folgt daraus nach Abb. 3 eine ungleichmäßige Verteilung des Bettungsdruckes. Die Ermittelung dieses Druckes an den Kanten geschieht nach der Formel

$$p_1 = \frac{Q}{b}\left(1 \pm \frac{6x}{b}\right)$$

oder, da Q für 1 cm Schienenlänge = b p ist,

$$p_1 = p\left(1 \pm \frac{6x}{b}\right)$$

(worin + für die Außen- und − für die innere Kante gilt) oder wenn $z < \frac{b}{3}$ ist,

$$p_1 = \frac{2Q}{3z} = \frac{2bp}{3z}.$$

Bei Schienen, deren Steg nicht allzu weit von der Mitte der Fahrfläche angeordnet ist, kann die Kantenpressung vernachlässigt werden, wenn eine kräftige und dichte Spurverbindung vorhanden ist, die derselben entgegenwirkt; bei besonders ungünstig geformten Querschnitten jedoch muß die Kantenpressung berücksichtigt werden. So wird z. B. für eine Schiene nach Abb. 4 die Tafel 13 für $p = 1$ kg/qcm nicht die Werte für die dieser Belastung entsprechende Kiesbettung, sondern diejenigen für Schotterbettung anzeigen; vgl. B. V. Für genauere Untersuchungen muß der Benutzung der Tafeln eine gedachte, der Kantenpressung entsprechend verminderte Schienenfußbreite zugrunde gelegt werden. Diese verminderte Breite ergibt sich, da $x\,p_1 = b\,p$ ist, zu

$$x = \frac{p\,b}{p_1}.$$

Für die Ablesung der gesuchten Werte sind dann die dieser neuen Breite entsprechenden Tafeln zu benutzen.

IV. Beanspruchung des Schienenstahles und Abnutzung der Schienen.

Die Zerreißfestigkeit des für Schienen aller Art zur Verwendung gelangenden Flußstahles schwankt zwischen 60 und 85 kg/qcm; für Straßenbahnen sind 70 bis 85, für andere 60 bis 80 kg/qcm üblich. Wegen der häufigen und wechselnden Belastung — ständig wiederholte Biegung — wird in der Regel die zulässige Beanspruchung nicht zu hoch anzusetzen sein; sie kann von 800 bis 1200 kg/qcm angenommen werden. Mit der Spannungszahl von

$$k = 1000\text{ kg/qcm}$$

sind die nachfolgenden Tafeln berechnet worden. Soll, z. B. bei vorläufigen Anlagen, eine erhöhte Schienenspannung zugelassen werden oder soll bei besonders häufig befahrenen Gleisen die Spannung geringer sein, so sind die aus den Tafeln erhaltenen Ergebnisse entsprechend zu verändern; vgl. D. I usw.

Die Schienen bleiben in der Regel so lange im Gleise, bis der Fahrkopf derselben je nach der Querschnittsgröße um 0,8 bis über 1,0 cm hinaus abgenutzt ist. Diese Betriebsabnutzung vermindert das ursprüngliche Widerstandsmoment der Schiene, und zwar bei allen üblichen Querschnittsformen um rd. 20 v. H. Bei einer sparsamen Ausführung wird diese Abnutzung bisweilen nicht berücksichtigt werden können; die Schienenspannung ergibt sich dann, wenn sie ursprünglich 1000 kg/qcm betragen hat, am Ende der Liegezeit zu

$$k = \frac{1000}{0,8} = 1250 \text{ kg/qcm},$$

nähert sich also der für ruhende Belastung zulässigen obersten Grenze (1500 kg/qcm).

Die Abnutzung ist in den Tafeln nicht berücksichtigt; diese gelten daher für neue Schienen.

V. Bettung und Bettungsdruck.

Als Bettung für ein Gleis kommen in der Regel in Betracht Kies, Schotter mit oder ohne Packlage oder Beton. Für die erstgenannten Bettungsarten und Straßenbahngleise kann der zulässige Druck wie folgt angesetzt werden:

    für Kiesbettung . . . . $p = 1$ kg/qcm

    ,, Schotterbettung gewöhnlicher Art . . . . $p = 1,5$,,

    ,, beste desgl. auf Packlage . . . . $p = 2$,,

Bei diesen Pressungen beträgt die Einsenkung am Lastpunkt auch bei Kiesbettung, die durch die Herstellung des anschließenden Pflasters und dessen Benutzung durch die Fuhrwerke eine starke und ständige Zusammenpressung erfährt, etwa 1 mm, welches Maß wegen der Erhaltung des Pflasters nicht überschritten werden darf. Bei offenen Gleisen ist die Bettung loser; es kann jedoch eine Vergrößerung der Einsenkung und damit eine Erhöhung des Bettungsdruckes zugelassen werden. Der letztere kann bei Verwendung symmetrischer Schienen (vgl. B. III) angenommen werden

für Kiesbettung zu 1—1,5 kg/qcm (etwa 3—5 mm Einsenkung),

für Schotterbettung zu 2 kg/qcm (etwa 2 mm Einsenkung).

Bei Betonunterbettung darf der Einheitsdruck erfahrungsgemäß ebenfalls nicht größer als 2 kg/qcm[1]) angesetzt werden, einerlei ob zwischen Schiene und Bettung eine nachgiebige Zwischenlage, wie Gußasphalt, Holz oder dergl. eingelegt wird oder nicht, und obschon der Beton bei den gebräuchlichen Mischungen eine ruhende Belastung von 5—10 kg/qcm mit der erforderlichen Sicherheit zu tragen vermag. Die Stärke des Betons unter der Schiene soll nicht unter 20 cm betragen, da bei geringerer Stärke eine zu große Belastung des Untergrundes eintritt, die zur Durchbiegung und damit zur Zerstörung der Betonplatte oder -schwelle führen kann.

Die Tafeln umfassen die oben angegebenen Bettungsdrücke; wenn andere solche anzuwenden sind, so muß, soweit Schätzungen zu unsicher erscheinen, die Rechnung eintreten, da eine Interpolation zwischen den Angaben verschiedener Tafeln in bezug auf den Bettungsdruck nicht möglich ist.

---

[1]) Es ist zu empfehlen, diese Belastung für Gleise in Asphaltstrassen noch zu verringern.

C. Gang der Berechnung.

Es wird vorausgesetzt, daß der Einheitsdruck im geraden Verhältnis zur elastischen Durchbiegung der Schiene steht; zur Erleichterung der Rechnung wird jedoch angenommen, daß nach Abb. 5 die Abnahme des Druckes auf die Bettung vom Lastpunkt aus nach beiden Seiten hin gleichmäßig erfolgt. Hieraus ergibt sich die halbe Senkungs- oder Belastungslänge zu

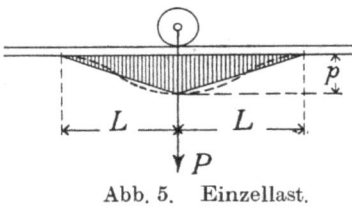

Abb. 5. Einzellast.

$$L = \frac{P}{bp} \qquad \ldots \ldots \ldots \text{Gl. 1}$$

Es besteht ferner die Beziehung, daß die Tragfähigkeit der Schiene umso größer sein muß, je kleiner der Bettungsdruck werden soll. Die Berechnung des Langschwellen- oder Schwellenschienen-Oberbaues gestaltet sich nach vorstehendem in folgender Weise.

I. Unabhängige Einzellasten.

Wenn bei einer Schiene unter mehreren Einzellasten $L < a$ ist — vgl. Abb. 6, in der oben die Lastverteilung ohne Rücksicht auf die durch-

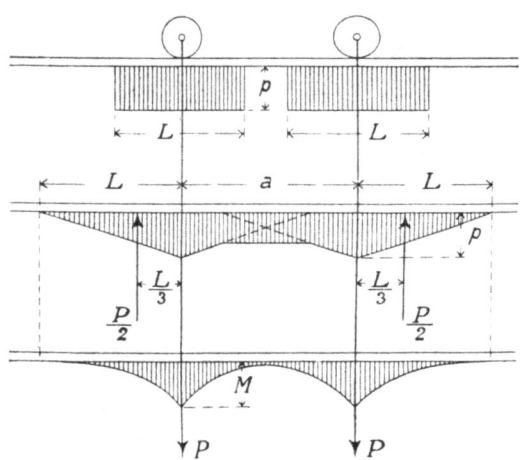

Abb. 6. Zwei unabhängige Einzellasten.

laufende elastische Schiene, in der Mitte mit Berücksichtigung dieser und unten die Momentenflächen dargestellt sind —, so wird die erforderliche Tragfähigkeit derselben durch die einzelne Last allein bedingt.

Biegungsmoment am Lastpunkt

$$M = \frac{PL}{6} \quad \ldots \ldots \quad \text{Gl. 2}$$

oder unter Einsetzung von Gleichung 1

$$M = \frac{P^2}{6\,b\,p} \quad \ldots \ldots \quad \text{Gl. 3}$$

Das erforderliche Widerstandsmoment ergibt sich darnach zu

$$W = \frac{PL}{6\,k} \quad \text{oder} \quad = \frac{P^2}{6\,b\,p\,k} \quad \ldots \quad \text{Gl. 4}$$

Es ist ferner

$$P = \sqrt{6\,W\,b\,p\,k} \quad \ldots \ldots \quad \text{Gl. 5}$$

Für eine gegebene Schiene mit einem Widerstandsmoment von W_s wird die Schienenspannung für den Beginn des Betriebes zu

$$k_s = k\,\frac{W}{W_s} \quad \ldots \ldots$$

und am Ende der Liegezeit des Gleises zu

$$k_s = \frac{k\,W}{0{,}8 \cdot W_s} \quad \ldots \ldots$$

$\Bigg\}$ Gl. 6

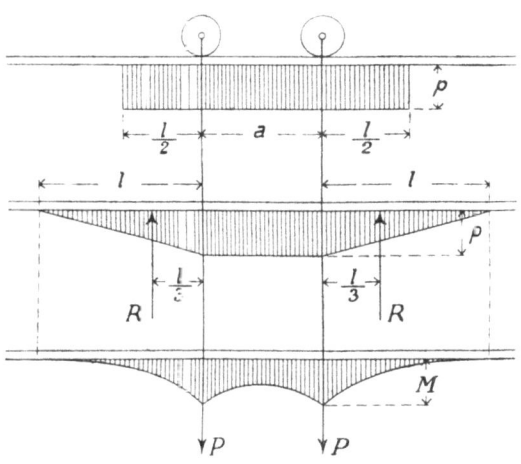

Abb. 7. Zwei sich gegenseitig beeinflussende Einzellasten.

II. Mehrere sich gegenseitig beeinflussende Einzellasten.

In diesem Falle, der für zwei Lasten in Abb. 7 dargestellt ist, die dieselben Belastungs- und Momentenflächen zeigt wie Abb. 6, und der bei kleinem b und p, kurzem Achsstand a und verhältnismäßig großen

Betriebslasten eintreten kann, und zwar wenn $l > a$ wird, d. h. wenn die Schiene, um p nicht zu überschreiten, die Betriebsbelastung auf eine größere als die durch den Achsstand gegebene Länge übertragen muß, sind zunächst die folgenden Vorermittelungen zu machen.

$$b\,p\,(a + l) = 2\,P$$

$$l = \frac{2\,P}{b\,p} - a \quad \ldots \ldots \ldots \text{Gl. 7}$$

$$R = \frac{l\,b\,p}{2}; \quad \left(R > \frac{P}{2}\right).$$

Es wird dann

$$M = \frac{R\,l}{3} = \frac{l^2\,b\,p}{6} \quad \ldots \ldots \text{Gl. 8}$$

oder unter Einsetzung der Gleichung 7

$$M = \frac{1}{6}\left(\frac{4\,P^2}{b\,p} - 4\,P\,a + b\,p\,a^2\right) \quad \ldots \text{Gl. 9}$$

und

$$W = \frac{l^2\,b\,p}{6\,k} \quad \ldots \ldots \ldots \text{Gl. 10}$$

oder

$$= \frac{1}{6\,k}\left(\frac{4\,P^2}{b\,p} - 4\,P\,a + b\,p\,a^2\right) \quad \ldots \text{Gl. 11}$$

bzw.

$$P = \frac{b\,p}{2}\left(\sqrt{\frac{6\,W\,k}{b\,p}} + a\right) \quad \ldots \ldots \text{Gl. 12}$$

Für eine vorhandene Schiene ergibt sich die Beanspruchung wie unter C. I.

Für drei oder mehr gleiche Einzellasten ist die Berechnung dieselbe wie vorstehend, wenn die unter B. II angegebene Bedingung erfüllt ist.

III. Zahlenbeispiele.

a) Unabhängige Einzellasten.

Gegeben: D = 4000 kg,
V über 20 km/St., mithin
P = 1,5 · 4000 = 6000 kg,
a = 220 cm,
b = 16 cm,
k = 1000 kg/qcm,
p = 2 kg/qcm.

(L ist nach Gl. 1 = $\frac{6000}{2 \cdot 16}$ = 187,5 cm, also kleiner als a.)

Zahlenbeispiele.

Erforderliches Widerstandsmoment nach Gl. 4
$$W = \frac{6000 \cdot 187{,}5}{6 \cdot 1000} = \frac{6000^2}{6 \cdot 16{,}2 \cdot 1000} = 187{,}5 \text{ cm}^3.$$

Unter Berücksichtigung der Abnutzung wird
$$W = 187{,}5 : 0{,}8 = 234 \text{ cm}^3.$$

Gewählt wird die Wechselsteg-Verblattschiene Nr. 1800 mit $W_s = 284$ cm^3. Für diese ergibt sich nach Gl. 6 die Schienenspannung im Anfang zu
$$k^s = \frac{1000 \cdot 187{,}5}{284} = 660 \text{ kg/qcm}$$

und am Ende der Liegezeit zu
$$k^s = 660 : 0{,}8 = 825 \text{ kg/qcm}.$$

Die ausnutzbare Tragfähigkeit ergibt sich nach Gl. 5 zu
$$P_s = \sqrt{284 \cdot 0{,}8 \cdot 16{,}2 \cdot 1000} = \text{rd. } 6600 \text{ kg};$$
die Schiene ist also reichlich stark.

b) **Zwei sich gegenseitig beeinflussende Einzellasten.**
Annahmen wie vor, jedoch $b = 18$ cm und $p = 1{,}5$ kg/qcm.

(l nach Gl. 7 $= \dfrac{2 \cdot 6000}{18 \cdot 1{,}5} \cdot 220 = 224{,}4$ cm, also größer als a.)

Erforderliches Widerstandsmoment nach Gl. 10 oder 11
$$W = \frac{224{,}4^2 \cdot 18 \cdot 1{,}5}{6 \cdot 1000}$$
$$= \frac{1}{6 \cdot 1000}\left(\frac{4 \cdot 6000^2}{18 \cdot 1{,}5} - 4 \cdot 6000 \cdot 220 + 18 \cdot 1{,}5 \cdot 220^2\right) = 227 \text{ cm}^3$$

und unter Berücksichtigung der Abnutzung
$$= 227 : 0{,}8 = 284 \text{ cm}^3.$$

Gewählt wird die einteilige Rillenschiene. Normalprofil 3 mit $W = $ rd. 300 cm^3. Die Schienenspannung ist zu Beginn des Betriebes
$$k_s = \frac{1000 \cdot 227}{300} = 757 \text{ kg/qcm}$$

und am Ende der Liegezeit
$$= 757 : 0{,}8 = 946 \text{ kg/qcm}.$$

Die ausnutzbare Tragfähigkeit ergibt sich nach Gl. 12 zu
$$P_s = \frac{18 \cdot 1{,}5}{2}\left(\sqrt{\frac{6 \cdot 300 \cdot 0{,}8 \cdot 1000}{18 \cdot 1{,}5}} + 220\right) = \text{rd. } 6090 \text{ kg};$$
die Schiene ist also gut gewählt.

D. Benutzung der Tafeln.

Die Tafeln geben in der links gelegenen aufsteigenden Linie, die druch die entsprechende Berechnungsformel, Gl. 4,

$$W = \frac{P^2}{6\,b\,p\,k},$$

bezeichnet ist, die erforderlichen Widerstandsmomente für Einzellasten bzw. sich gegenseitig nicht beeinflussende Lasten und in den flacher verlaufenden parallelen Linien diejenigen für die verschiedenen Achsstände a an. Sie liefern die folgenden Ergebnisse:
1. Erforderliche Widerstandsmomente bei gegebenen Belastungen,
2. Art der Bettung bei gegebener Schiene und Belastung,
3. Tragfähigkeit gegebener Schienen,
4. Beanspruchung der Schienen in vorhandenen Gleisen.

Die Ablesung geschieht mit Ausnahme von 3. durch die Verfolgung der wagerechten P-Linie bis zum Schnittpunkt mit der Linie des gegebenen Achsstandes; an dieser Stelle zeigt die senkrechte W-Teilung das Ergebnis an. Liegt die betreffende a-Linie oberhalb der Belastungslinie, so beeinflussen sich die Einzellasten nicht mehr, und das gesuchte Ergebnis wird durch die zuerst geschnittene Linie für Einzellast erhalten. Die Ablesung für 3. erfolgt an der der betreffenden Schiene zugehörigen senkrechten W-Linie, die, falls nicht dargestellt, in Blei eingetragen werden kann.

Die Teilung, sowohl für die Belastung als auch für die Widerstandsmomente, ist der Übersichtlichkeit wegen nicht zu dicht gewählt worden. Zwischenergebnisse können auch bei letzterer Teilung (vom Nullpunkt her aufgetragene Wurzeln der Teilungszahlen) genügend genau mittels des Maßstabes oder durch Schätzung entnommen werden.

I. Beispiel: Schiene gesucht.

Gegeben: $D = 4000$ kg,
V über 20 km/St., mithin
$P = 1{,}5 \cdot 4000 = 6000$ kg,
$a = 180$ cm,
$k = 1000$ kg/qcm,
$p = 2$ kg/qcm.

Es sind mit und ohne Rücksicht auf die Abnutzung die folgenden Widerstandsmomente erforderlich.

nach Tafel   9 für $b = 13$ cm $= 343 : 0{,}8 = 429$ cm³
  „   „   12 „ $b = 14$ „ $= 288 : 0{,}8 = 360$ „
  „   „   15 „ $b = 15$ „ $= 242 : 0{,}8 = 303$ „
  „   „   18 „ $b = 16$ „ $203 : 0{,}8 = 254$ „
  „   „   21 „ $b = 18$ „ $= 167 : 0{,}8 = 209$ „
  „   „   24 „ $b = 20$ „ $= 150 : 0{,}8 = 188$ „

Hiernach kann die Schiene gewählt werden, z. B.
    ohne Berücksichtigung der Abnutzung:
einteilige Rillenschiene N. P. 2 mit b = 15 cm und W = rd. 250 cm³
oder Wechselstegverblattschiene Nr. 606 mit b = 15 cm und W = rd. 250 cm
    und mit Berücksichtigung der Abnutzung:
einteilige Rillenschiene N. P. 3 mit b = 18 cm und W = rd. 300 cm³
oder Wechselstegverblattschiene Nr. 1800 mit b = 16 cm und W = rd. 284 cm³
oder eine sonstige passende Querschnittsform.

Die Schienenspannung ergibt sich für den Beginn des Betriebes

$$\text{für N. P. 2 u. Prof. Nr. 606} = \frac{1000 \cdot 242}{250} = 968 \text{ kg/qcm}$$

$$\text{für N. P. 3} \ldots \ldots = \frac{1000 \cdot 167}{300} = 557 \text{ kg/qcm}$$

$$\text{für Profil Nr. 1800} \ldots = \frac{1000 \cdot 203}{284} = 715 \text{ kg/qcm}$$

und am Ende der Liegezeit
    für N. P. 2 u. Prof. Nr. 606 = 968 : 0,8 = 1210 kg/qcm
    für N. P 3 . . . . = 557 : 0,8 = 696 ,,
    für Profil Nr. 1800 . . . . = 715 : 0,8 = 894 ,,
Wird eine andere Schienenspannung als k = 1000 kg/qcm zugrunde gelegt, so sind die aus den Tafeln abgelesenen Widerstandsmomente von vornherein entsprechend zu verändern, z. B. bei k = 800 kg/qcm ist zu setzen nach Tafel 15 für b = 15 cm

$$W = \frac{242 \cdot 1000}{800} = 303 : 0{,}8 = 378 \text{ cm}^3$$

und für k = 1200 kg/qcm

$$W = \frac{242 \cdot 1000}{1200} = 202 : 0{,}8 = 253 \text{ cm}^3.$$

Nach diesen veränderten Widerstandsmomenten sind nunmehr die Schienenquerschnitte zu wählen.

II. Beispiel: Bettung gesucht.

Gegeben: D = 4000 kg,
V   bis 20 km/St., mithin
P = 1,25 · 4000 = 5000 kg,
a = 180 cm,
k = 1000 kg/qcm,
b = 15 cm ⎱ Normalprofil 2
W = 250 cm³ ⎰ oder Profil Nr. 606.

Das erforderliche Widerstandsmoment ergibt sich mit und ohne Berücksichtigung der Abnutzung

nach Tafel 13 bei p = 1   kg/qcm = — : 0,8 = — cm³
„   „   14 „ p = 1,5 „   = 262 : 0,8 = 328 „
„   „   15 „ p = 2   „   = 139 : 0,8 = 174 „

Es ist also eine Kiesbettung ausgeschlossen und eine mittelgute Schotterbettung eben noch zulässig, die zu Beginn des Betriebes eine Schienenspannung bedingt von

$$\frac{1000 \cdot 262}{250} = 1048 \text{ kg/qcm}$$

und am Ende der Liegezeit eine solche von

1048 : 0,8 = 1310 kg/qcm.

Für beste Schotterbettung, die vorzuziehen sein wird, ergibt sich im Anfang

$$k_s = \frac{1000 \cdot 139}{250} = 556 \text{ kg/qcm}$$

und am Ende der Liegezeit

$k_s = 556 : 0,8 = 695$ kg/qcm.

Für andere Werte von k hat die Umrechnung in der gleichen Weise, wie unter D. I angegeben, zu geschehen.

III. Beispiel: Schiene und Bettung gesucht.

Gegeben wie bei D. II: P = 5000 kg,
a = 180 cm,
k = 1000 kg/qcm.

Die erforderlichen Widerstandsmomente ergeben sich aus den Tafeln wie folgt:

bei p =	1,0	1,5	2,0 kg/qcm
und b = 12 cm	—	—	224 cm³
13 „	—	360	182 „
14 „	—	307	148 „
15 „	—	262	139 „
16 „	—	224	131 „
18 „	423	163	116 „
20 „	342	139	104 „

Diese Angaben ermöglichen in gleicher Weise wie bei D. I und II die Auswahl passender Schienenquerschnitte für die verschiedenen Bettungsarten, z. B.

für b = 18 cm und Kiesbettung Rillenschiene N. P. 5
oder bei Schotterbettung Rillenschiene N. P. 3.

Die Abnutzung und andere Werte von k können ebenfalls in der dort angegebenen Weise berücksichtigt werden.

IV. Beispiel: Tragfähigkeit der Schienen.

Gegeben Rillenschiene Normalprofil 3 mit b = 18 cm und W = rd. 300 cm³. Die Tragfähigkeit P dieser Schiene ergibt sich bei k = 1000 kg/qcm aus den Tafeln 19, 20 und 21 wie folgt:

für p =	1,0	1,5	2,0 kg/qcm
bei a = 100 cm =	3740	4835	5820 kg
110 ,,	3830	4970	6000 ,,
120 ,,	3920	5105	6180 ,,
130 ,,	4010	5240	6360 ,,
140 ,,	4100	5375	6540 ,,
150 ,,	4190	5510	6720 ,,
—	—	—	—
300 ,,	5540		
310 ,,	5630	usw.	
315 ,,	5660		

und darüber.

Für die abgenutzte Schiene wird W = 300 · 0,8 = 240 cm³, und es sind die Ergebnisse an dieser Linie abzulesen.

Die Umrechnung der erhaltenen Werte für eine andere Beanspruchung der Schienen muß ebenfalls von vornherein durch die Veränderung des Widerstandsmoments erfolgen; im vorliegenden Falle wird z. B. bei k = 800 kg/qcm das der Ablesung zugrunde zu legende

$$W \text{ neu} = \frac{300 \cdot 800}{1000} = 240 \text{ cm}^3$$

und

$$W \text{ alt} = 240 \cdot 0,8 = 192 \text{ cm}^3;$$

für k = 1200 kg/qcm wird dagegen

$$W \text{ neu} = \frac{300 \cdot 1200}{1000} = 360 \text{ cm}^3$$

und

$$W \text{ alt} = 360 \cdot 0,8 = 288 \text{ cm}^3.$$

V. Beispiel: Untersuchung vorhandener Gleise.

Gegeben: D = 4000 kg,
V über 20 km/St., mithin
P = 1,5 · 4000 = 6000 kg,
a = 180 cm,
b = 18 cm ⎱ Rillenschiene,
W = rd. 300 cm³ ⎰ Normalprofil 3.
p = 1,5 kg/qcm (mittelgute Schotterbettung).

Die Tafel 20 gibt das erforderliche Widerstandsmoment mit W = 315 cm³. Es ist daher die Schienenspannung im Anfang

$$k_s = 1000 \cdot \frac{315}{300} = 1050 \text{ kg/qcm}$$

und am Ende der Liegezeit

$$k_s = 1050 : 0{,}8 = 1313 \text{ kg/qcm}.$$

Die Schiene ist also reichlich schwach bzw. die Bettung nicht ausreichend tragfähig. Eine Verbesserung der letzteren wäre anzustreben[1]).

VI. Zwischenwerte.

Die Widerstandsmomente für solche Schienenfußbreiten, für die Tafeln nicht vorhanden sind, können durch Interpolation gefunden werden, die zwar bloß annähernde, jedoch nur um ein Geringes zu große Werte ergibt. Die grundlegenden Ablesungen müssen jedoch beide entweder an der Linie für Einzellast oder an der gleichen a-Linie gemacht worden sein, andernfalls ist eine unmittelbare Interpolation nicht angängig. Das Anwendungsgebiet derselben läßt sich jedoch durch Verlängerung der a-Linien nach links beliebig erweitern, wenn zugleich die Werte für die Einzellast abgelesen und interpoliert werden. Der größte erhaltene Wert ist dann das gesuchte Ergebnis.

Beispiel: P = 5000 kg,
           a = 170 cm,
           k = 1000 kg/qcm,
           p = 2 kg/qcm,
           b = 13,5 cm.

Erforderliches W nach Tafel 9 und 12
    für b = 13 cm = 200 cm³
    „ b = 14 „ = 163 „

mithin für $b = 13{,}5$ cm $= \dfrac{(200 + 163) \cdot 5}{10} = 181{,}5$ cm³. Rechnungsmäßig ergibt sich dagegen

$$W = \frac{1}{6 \cdot 1000} \left(\frac{4 \cdot 5000^2}{13{,}5 \cdot 2} - 4 \cdot 5000 \cdot 170 + 13{,}5 \cdot 2 \cdot 170^2 \right)$$
$$= 180{,}7 \text{ cm}^3.$$

---

[1]) Für gegebene Gleise läßt sich auch der kleinste zulässige Achsstand der Fahrzeuge für jede innerhalb des Tragvermögens von Schiene und Bettung liegende Belastung ohne weiteres aus den Tafeln entnehmen.

E. Schlußbemerkung.

Wie die vorstehenden Beispiele zeigen, geben die Tafeln Auskunft auf alle die Tragfähigkeit des Langschwellen- oder Schwellenschienen-Oberbaues betreffenden Fragen. Die Verwertung der Ergebnisse wird, abgesehen von Sonderfällen, für Neuanlagen in der Wahl derjenigen Schiene bestehen, die bei dem kleinsten Gewicht oder den geringsten Kosten den gestellten Anforderungen genügt, oder es können unter Benutzung des Beispieles D. III für verschiedene Schienenquerschnitte und Bettungsarten Kostenvergleiche angestellt werden, die zur Wahl des in wirtschaftlicher Beziehung besten Oberbaues führen werden. Es kann dabei sowohl einer sparsamen Ausführung Rechnung getragen werden, die für Industrie-, schwach betriebene Überland- oder mittelstädtische Straßenbahnen in Frage kommt, als auch einer solchen gediegenster Art, die für Großstadtbahnen allein geeignet erscheint. Bei der Untersuchung vorhandener Gleise zeigt es sich, ob zur Verlängerung der Lebensdauer derselben etwa eine Verbesserung der Bettung angebracht oder notwendig ist.

Zu einem haltbaren Gleis der behandelten Art gehören außer einer tragfähigen Schiene und einer angemessenen Bettung bzw. dem Einklang zwischen Schiene und Bettung noch eine gute Stoßverbindung, deren Tragfähigkeit hinter derjenigen der Schiene nicht zurückstehen darf, und bei allen Querschnittsformen, deren Steg nicht unter der Mitte der Fahrfläche liegt, eine besonders kräftige und dichte Spurverbindung. Der Abstand der Spurhalter voneinander sollte in solchen Fällen nicht kleiner sein als der Achsstand.

Tafel I.

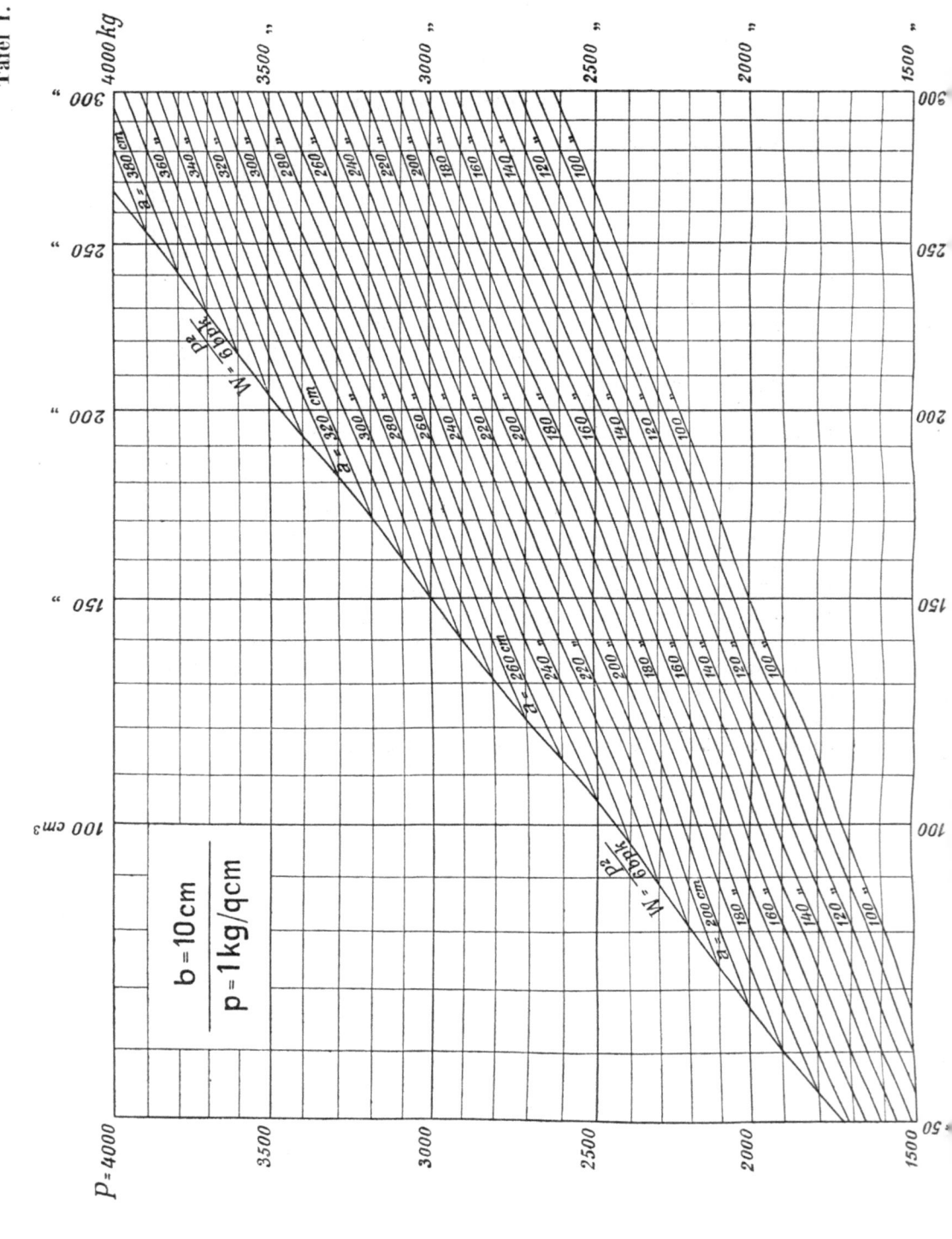

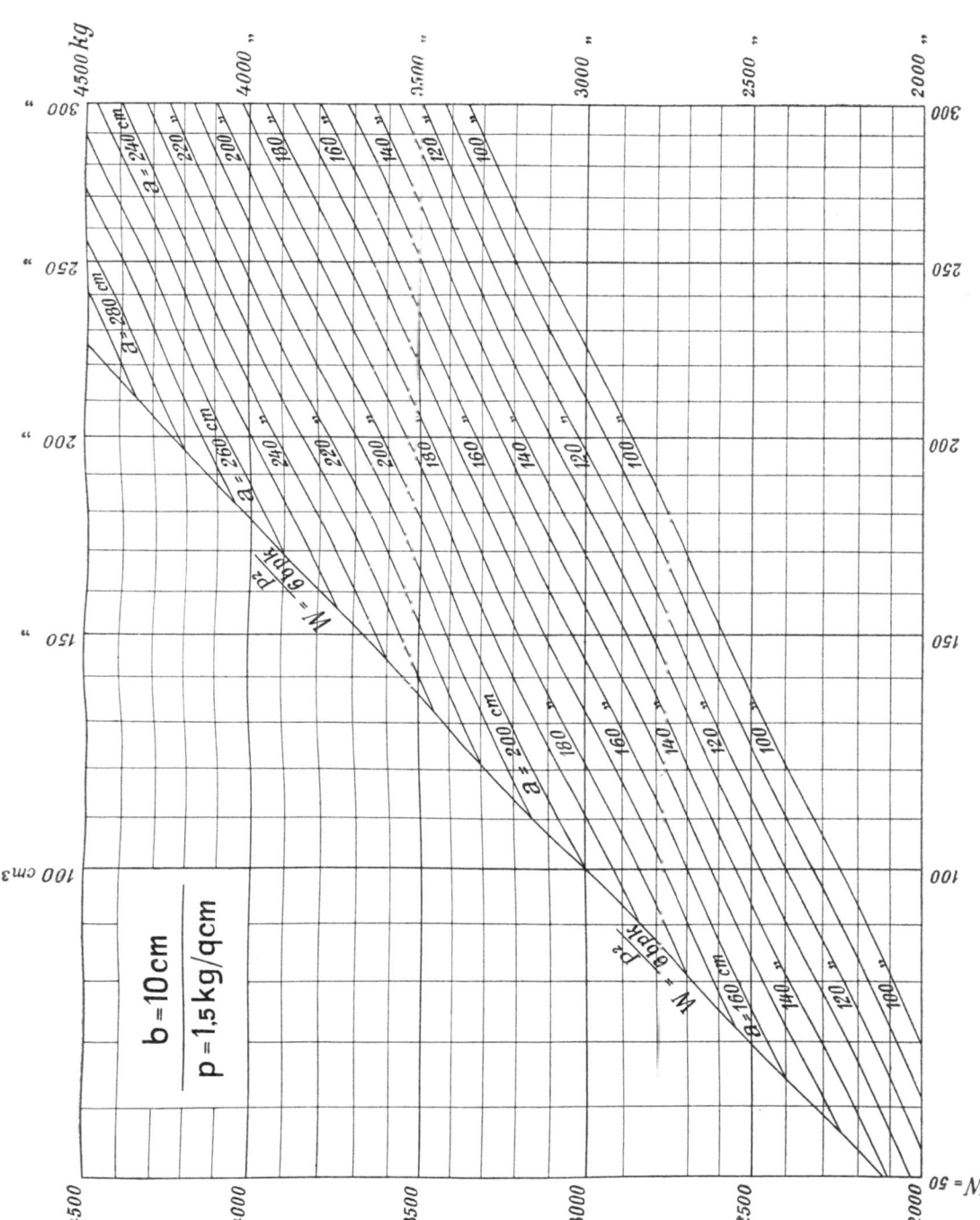

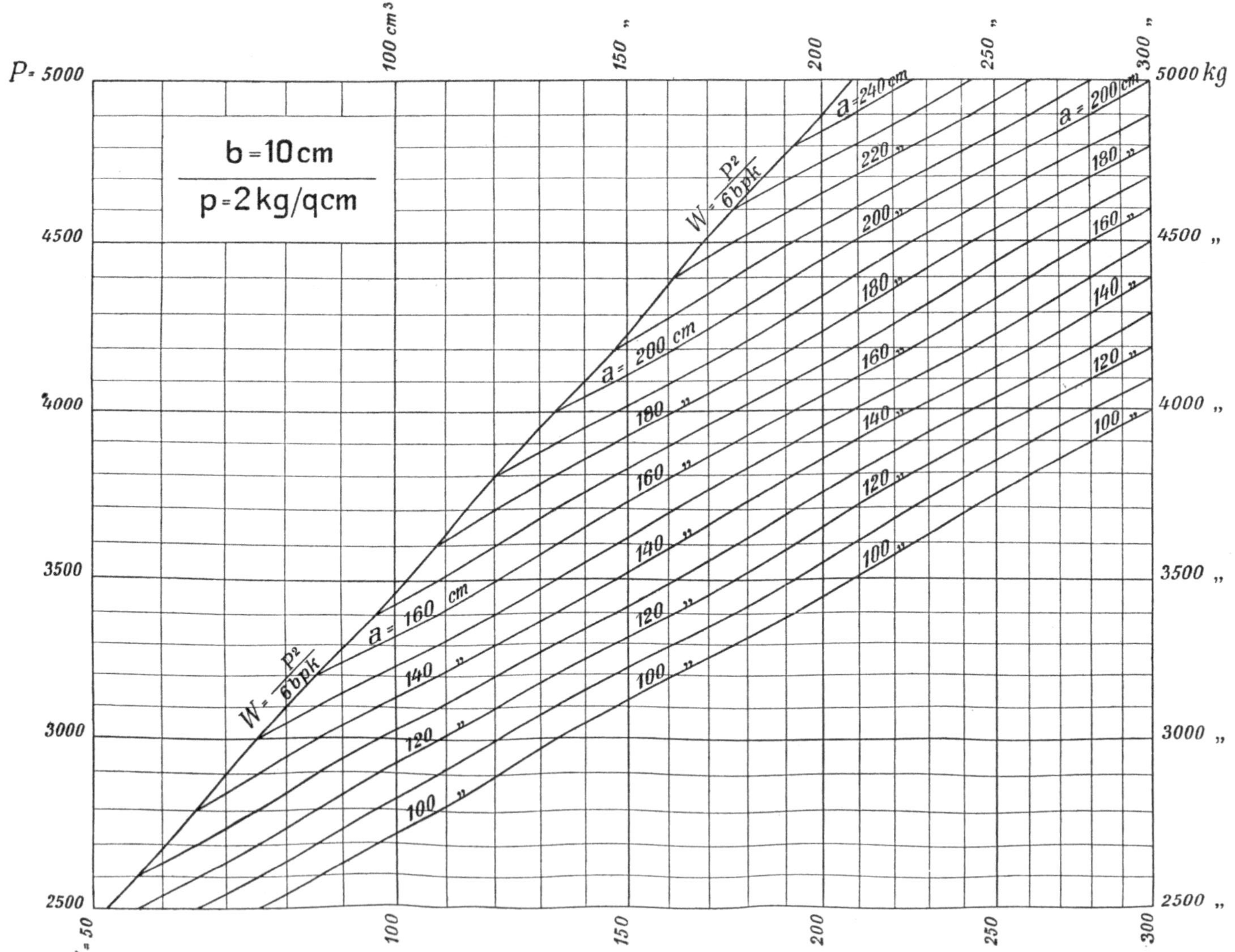

Tafel III.

$$W = \frac{p \cdot a^2}{6 b p k}$$

$b = 10\,\text{cm}$
$p = 2\,\text{kg/qcm}$

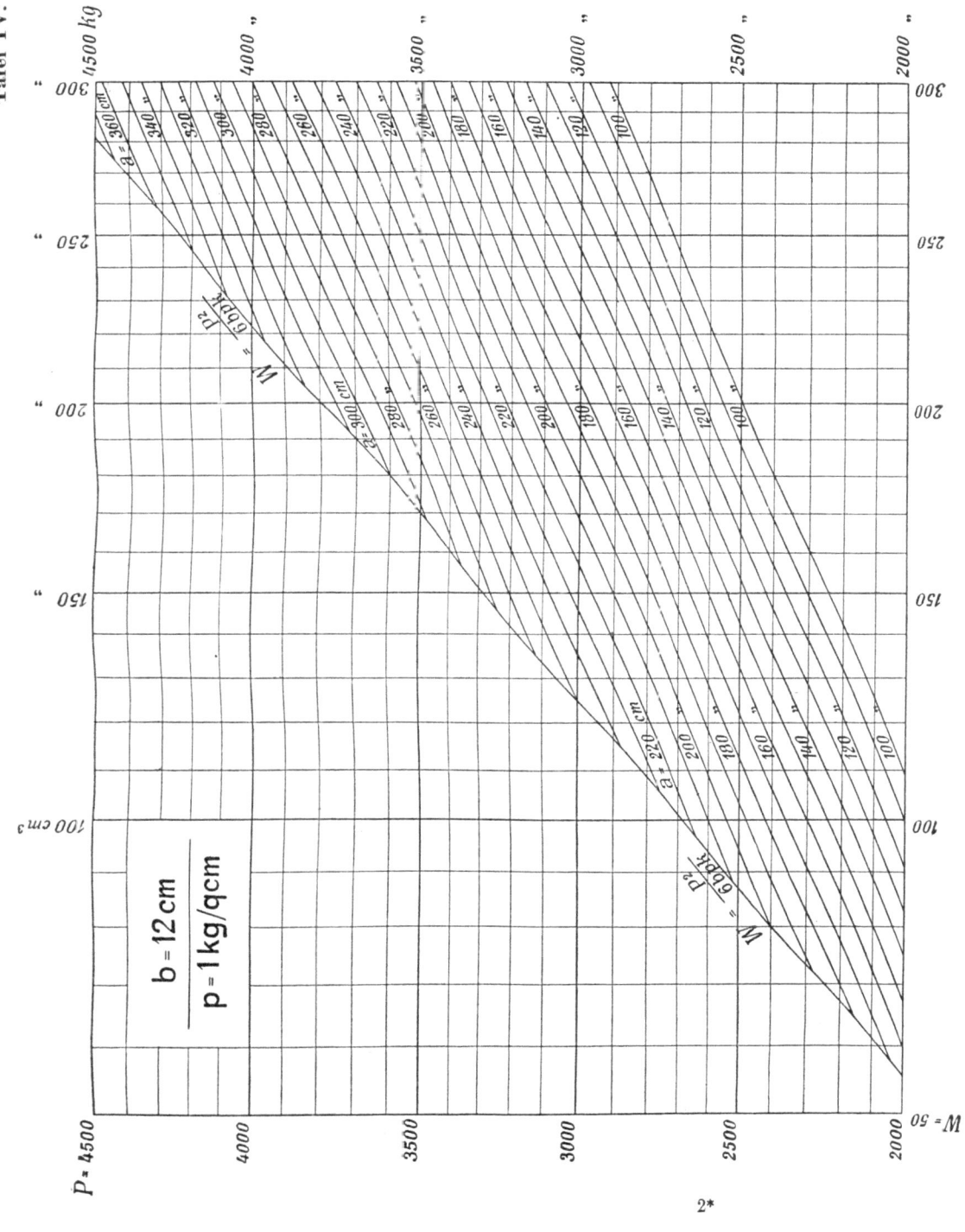

Tafel V.

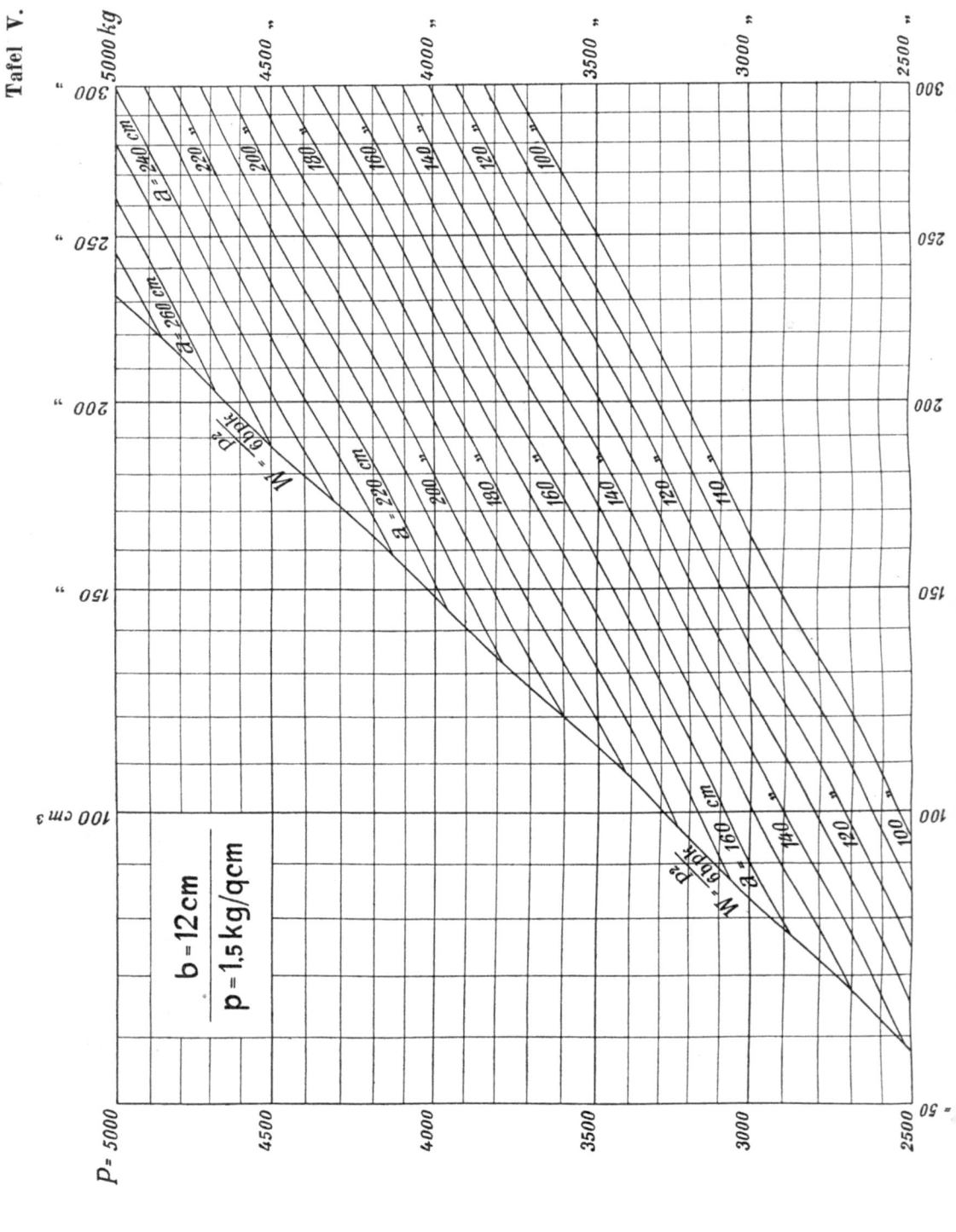

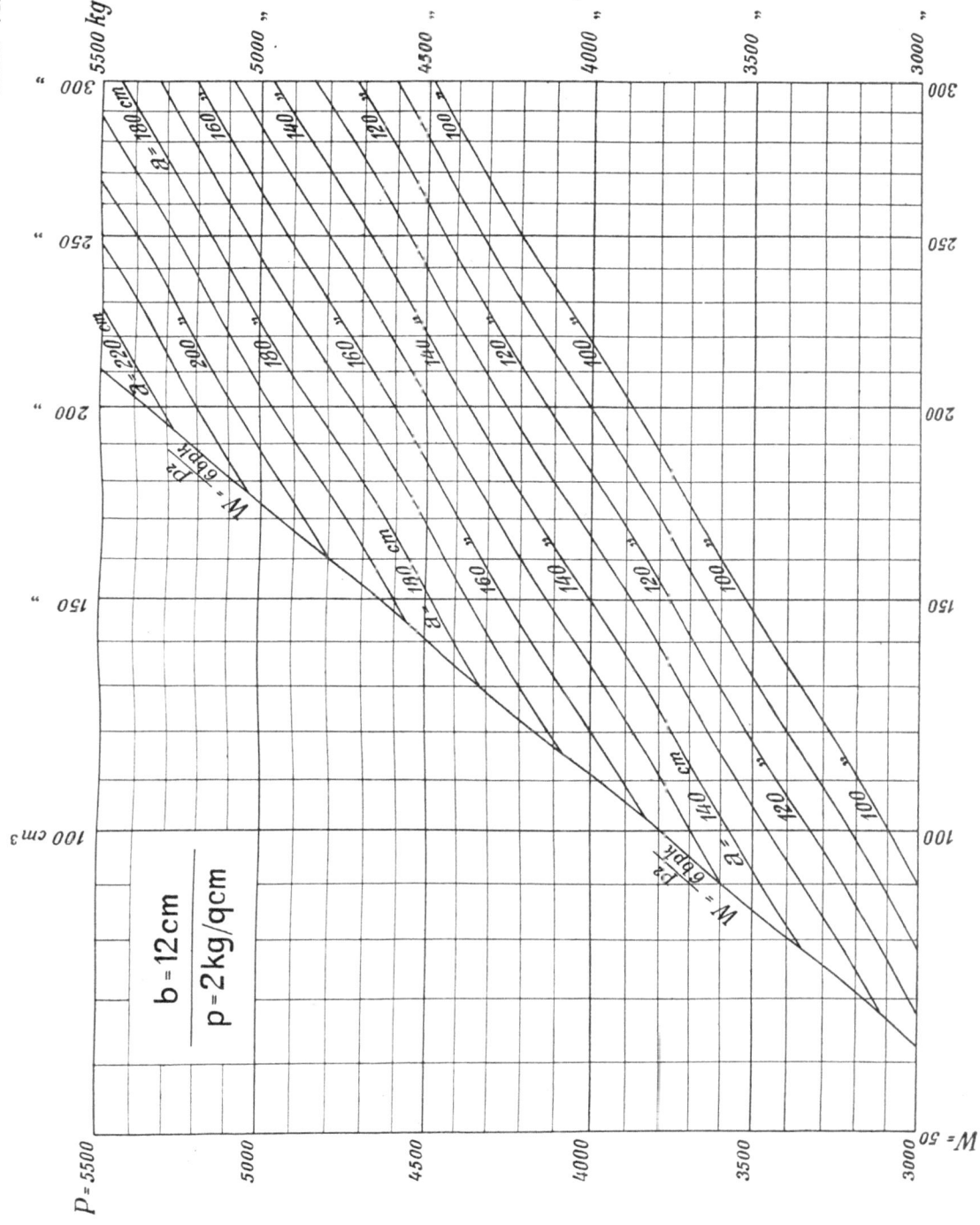

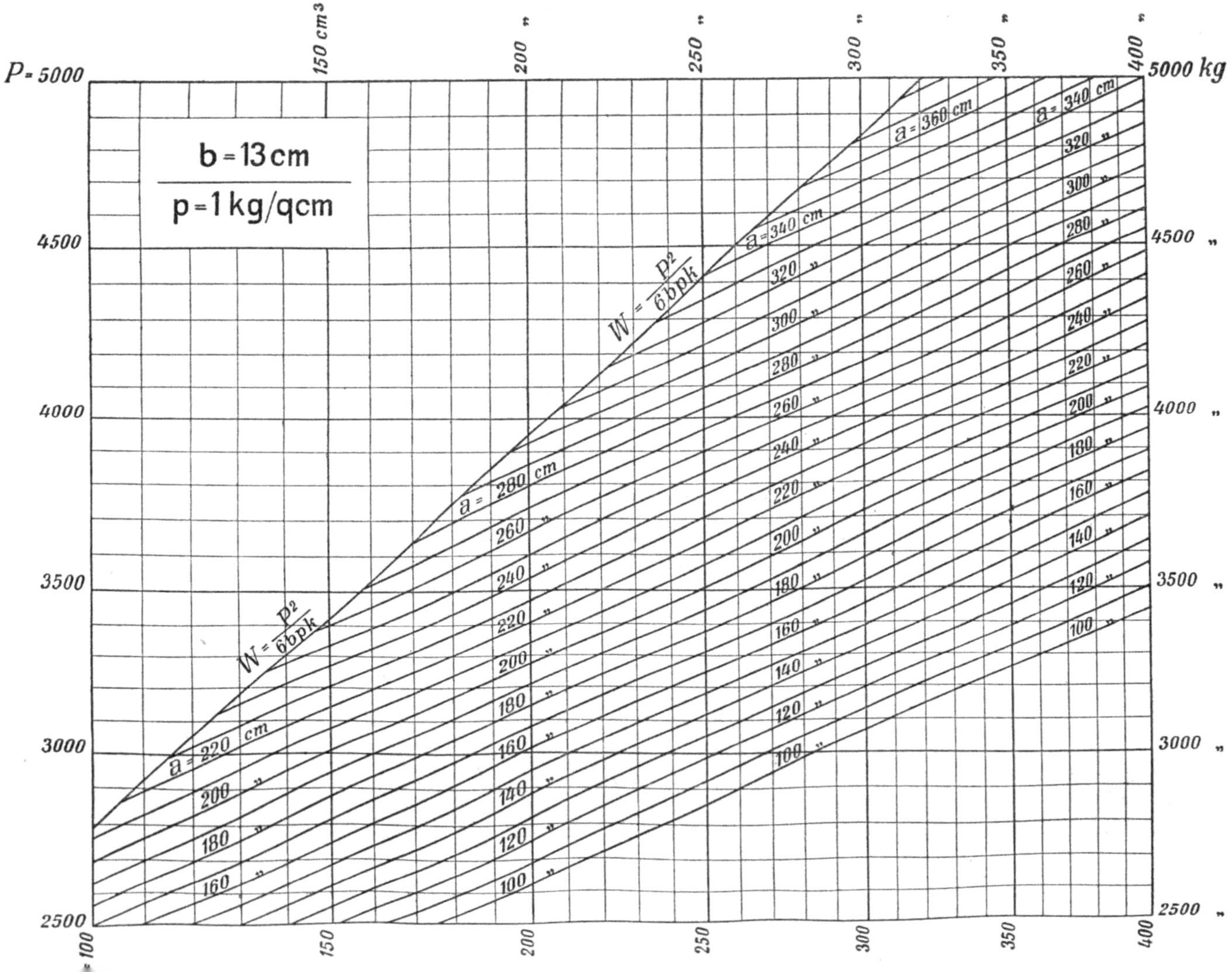

Tafel VII.

$$W = \frac{P^2}{6bpk}$$

$b = 13\,cm$
$p = 1\,kg/qcm$

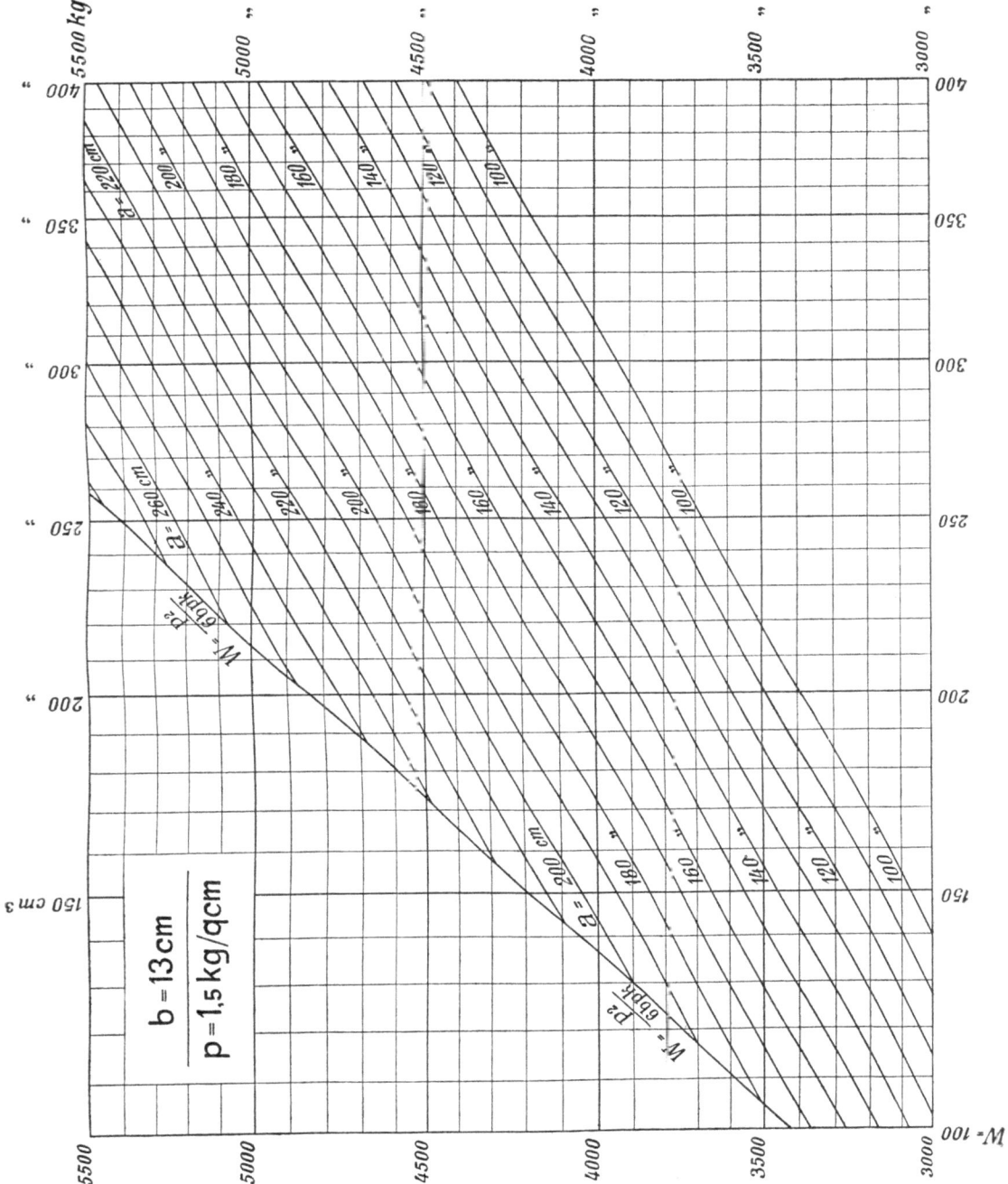

Tafel IX.

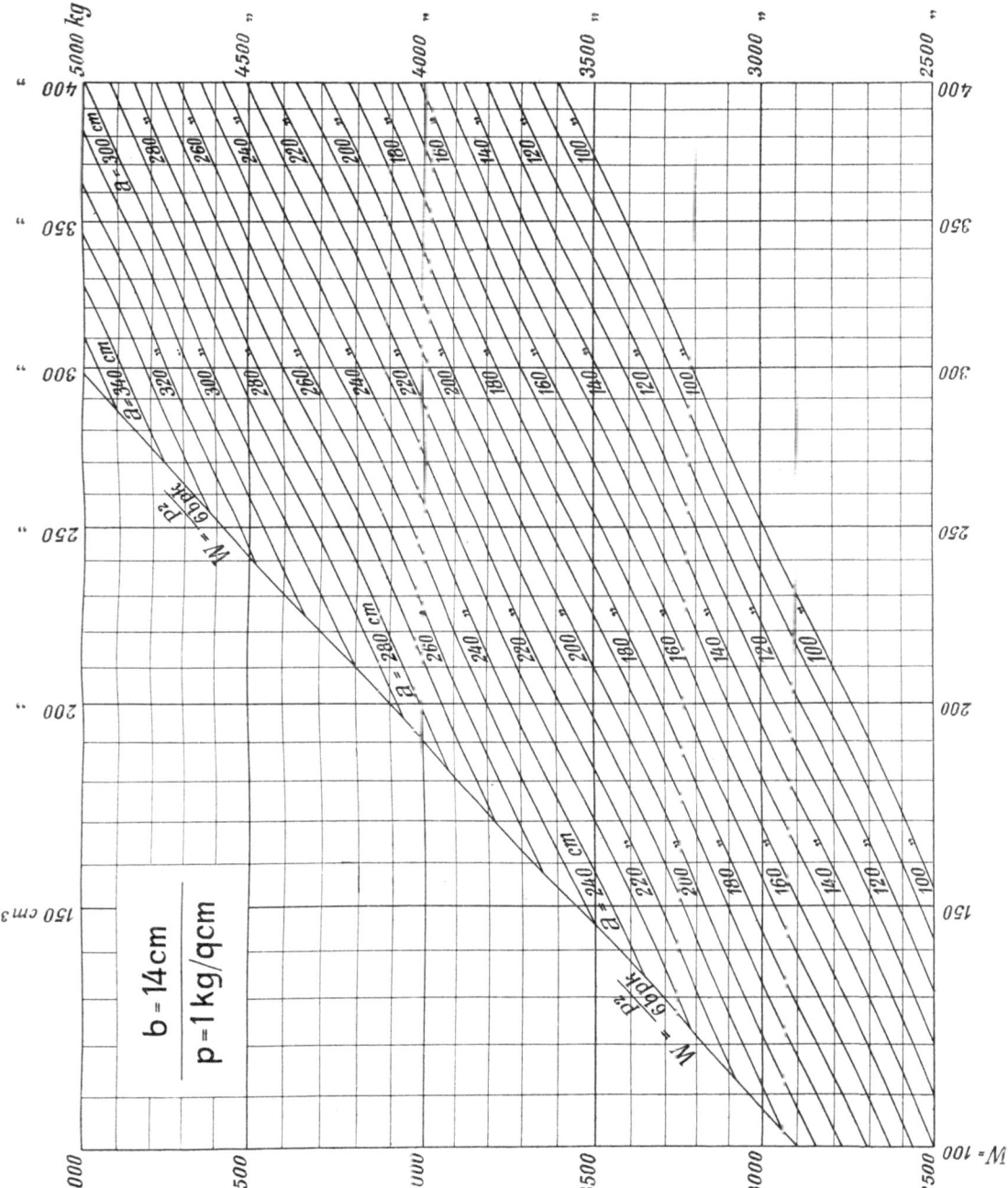

Tafel XI.

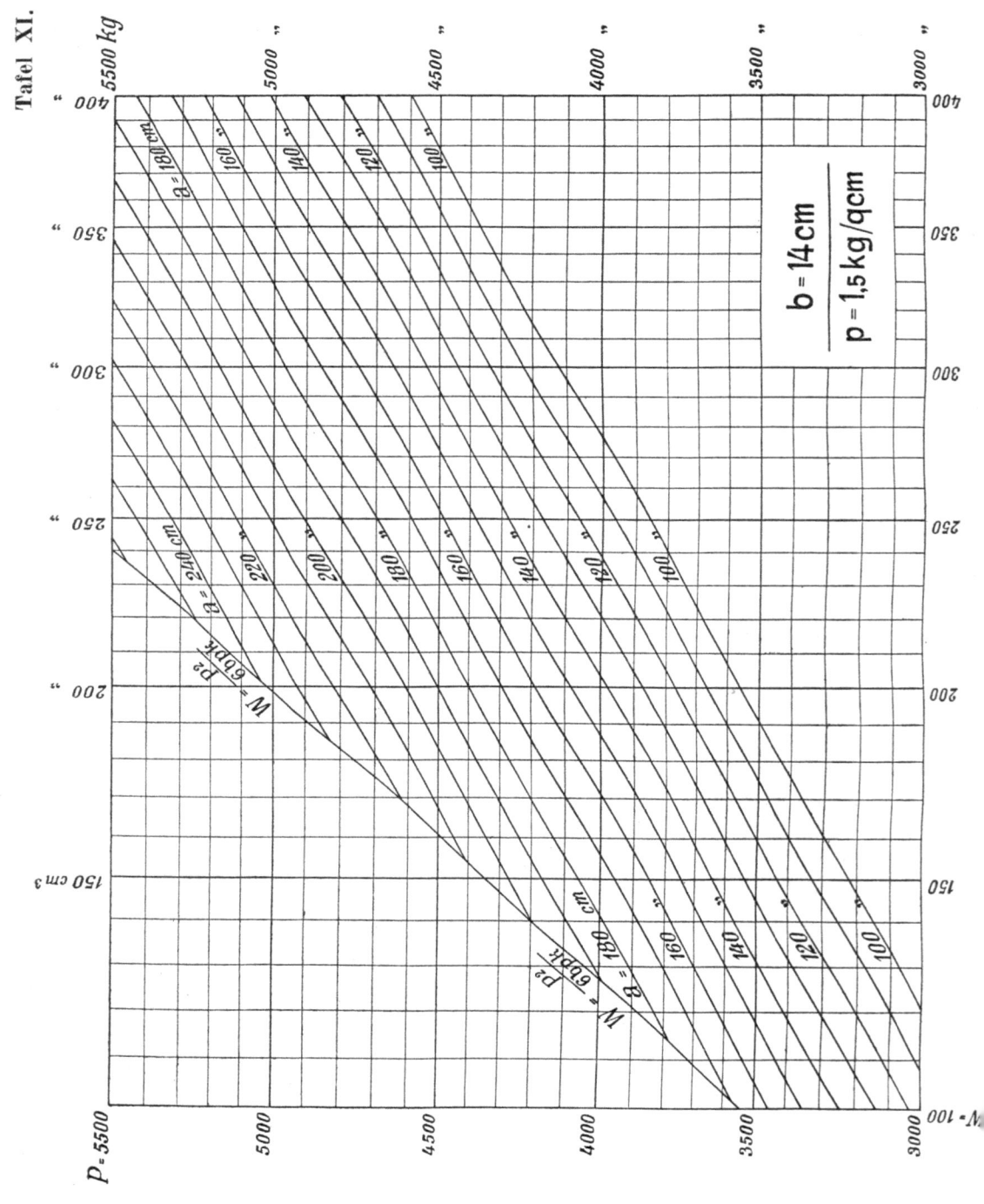

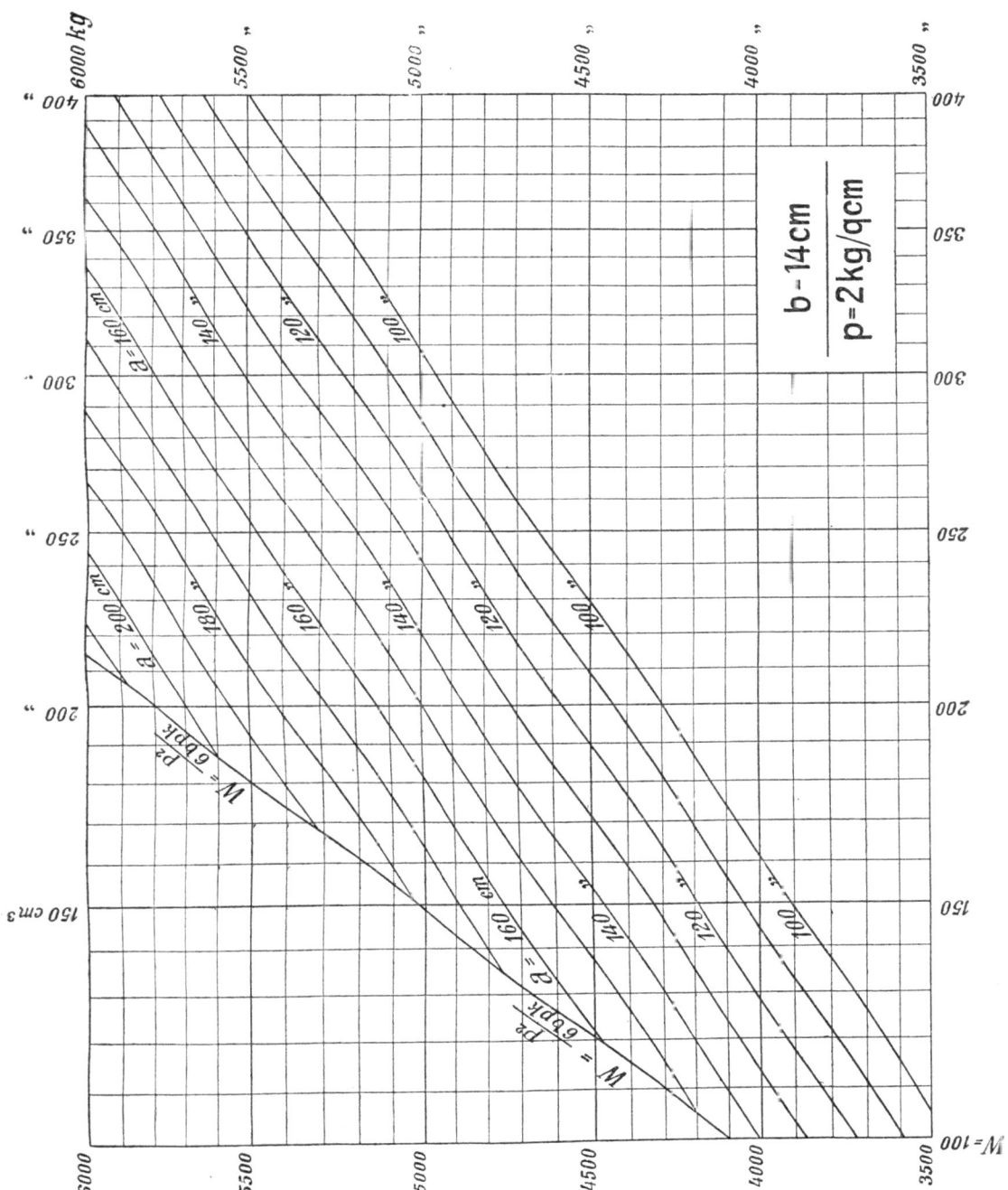

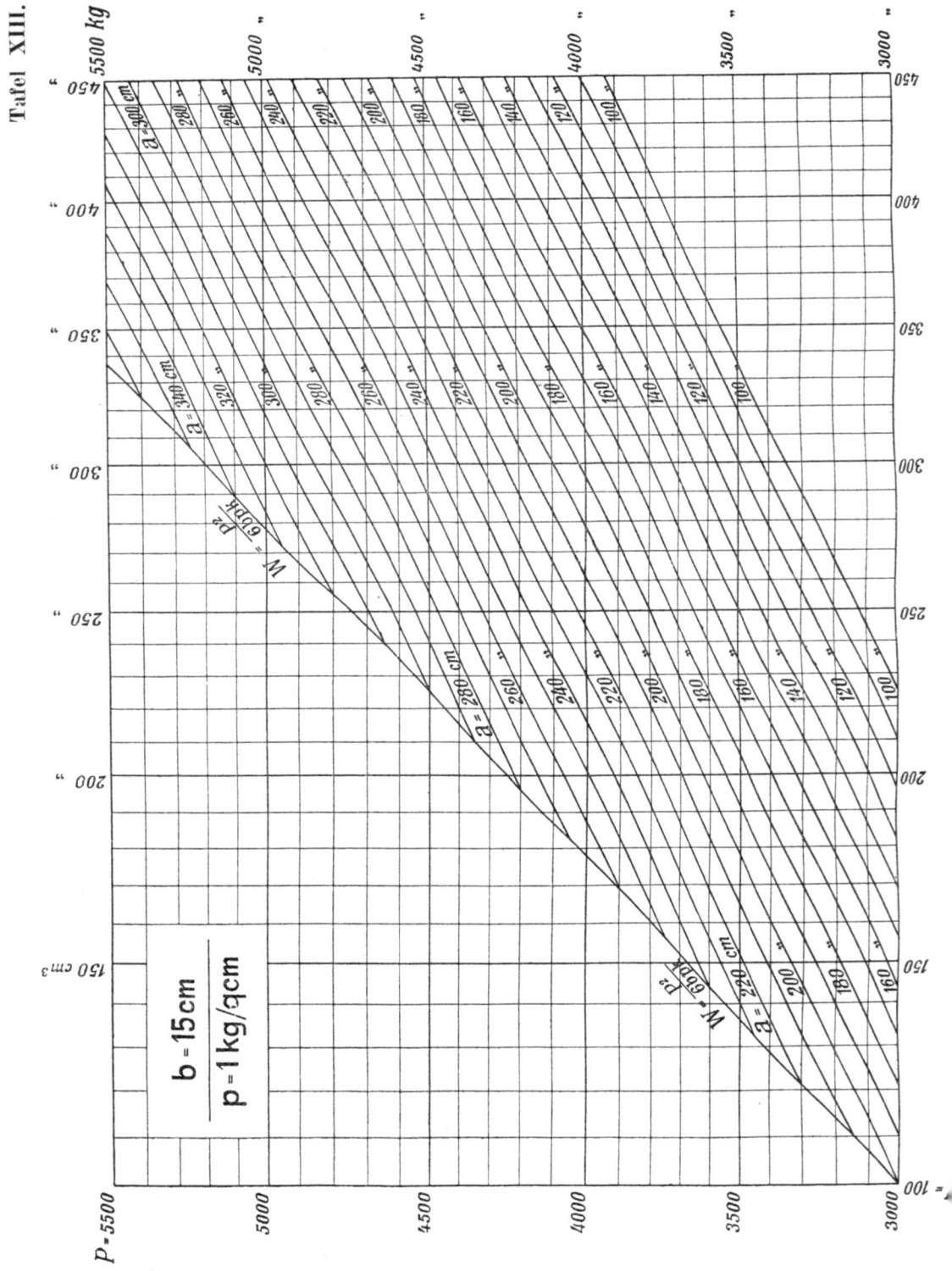

Tafel XIII.

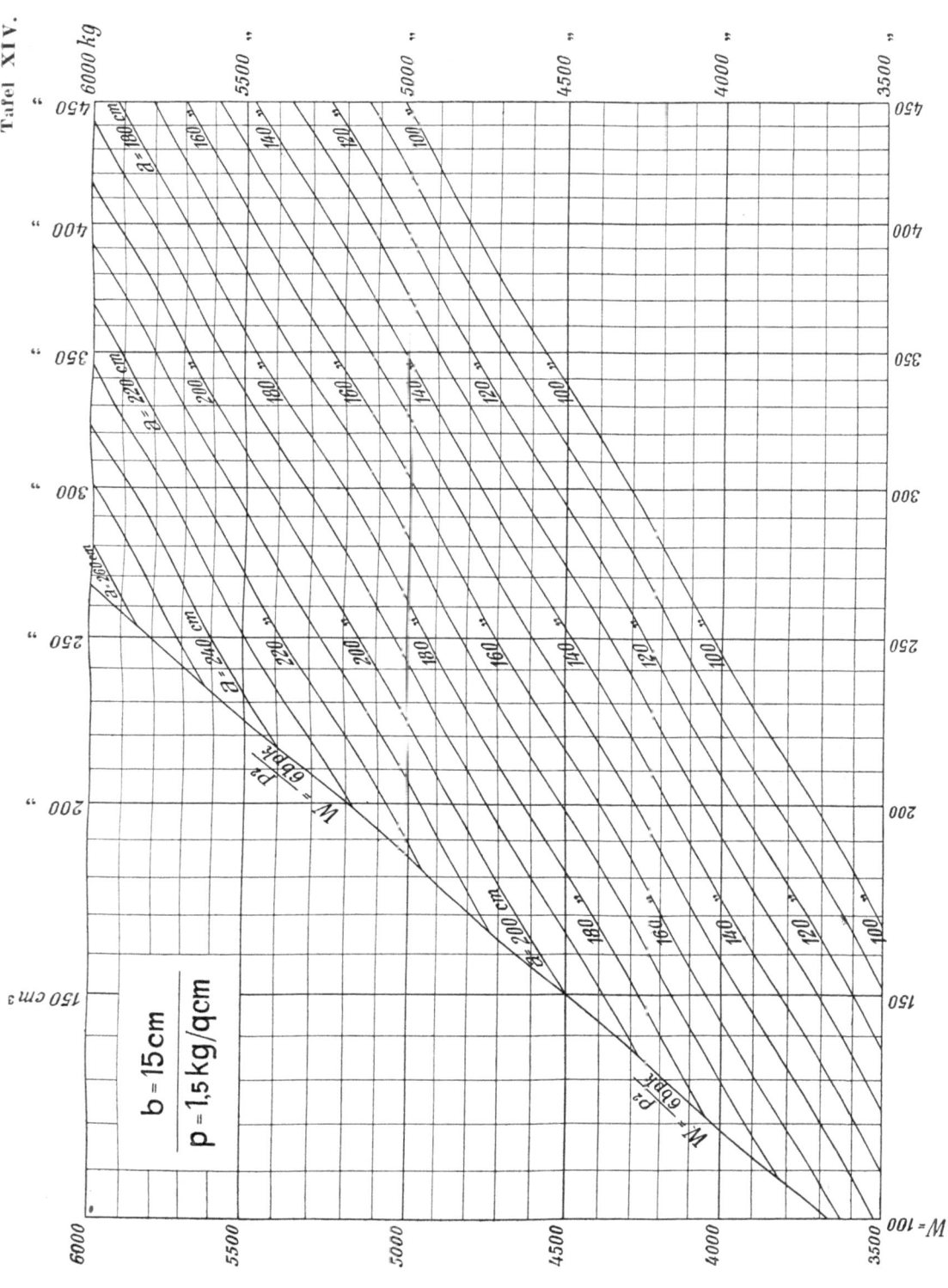

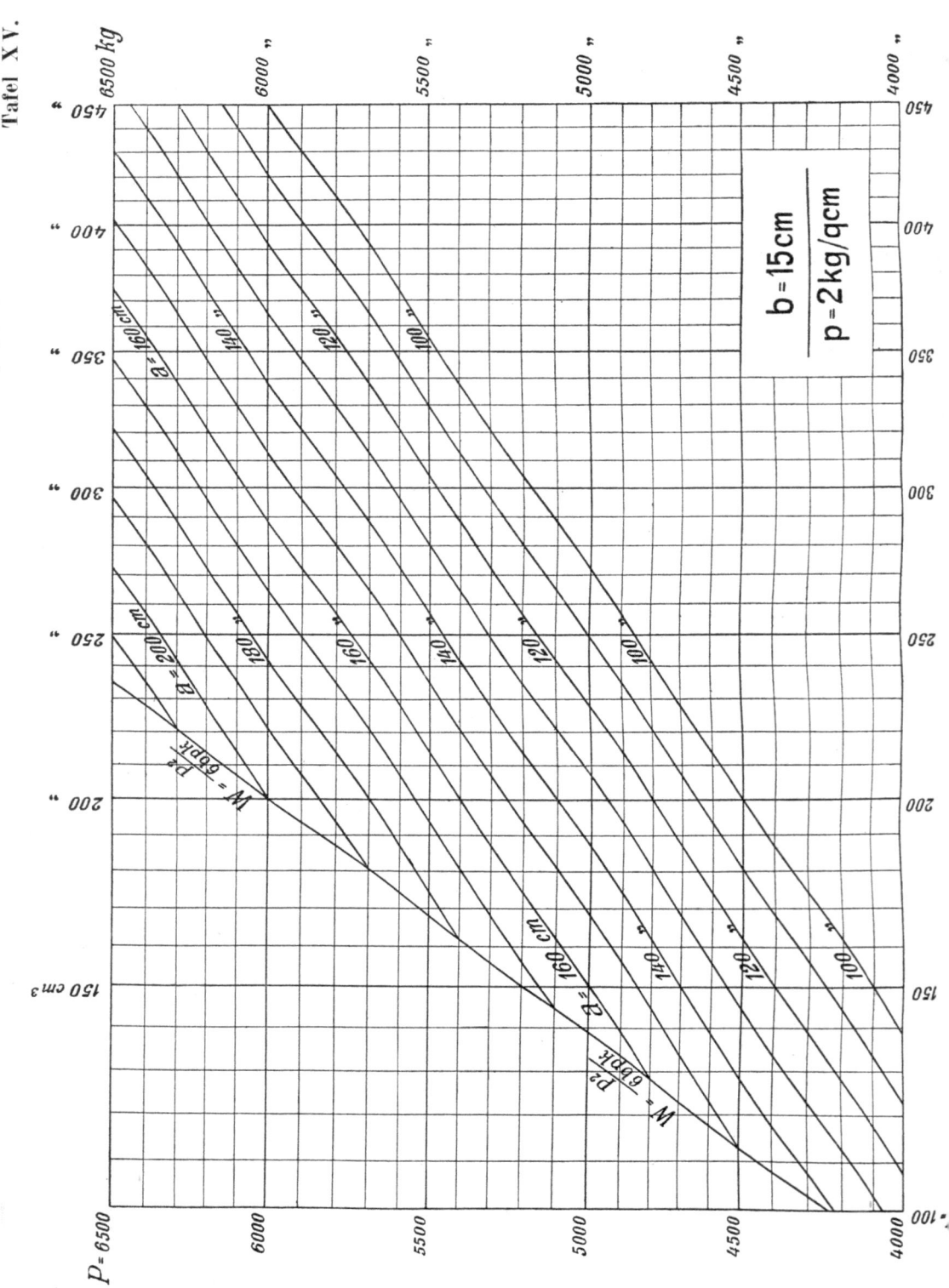

Tafel XV.

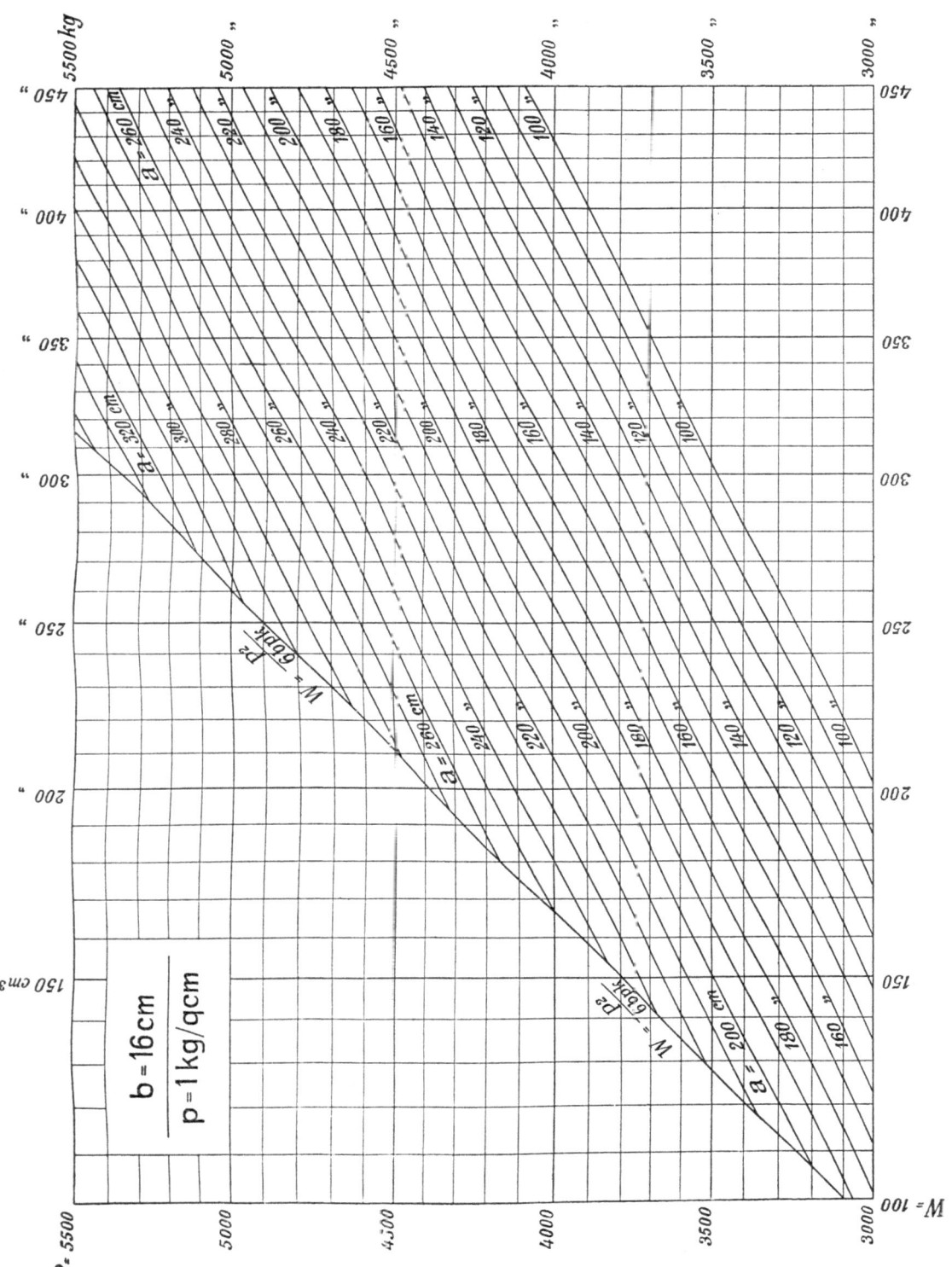

Tafel XVII.

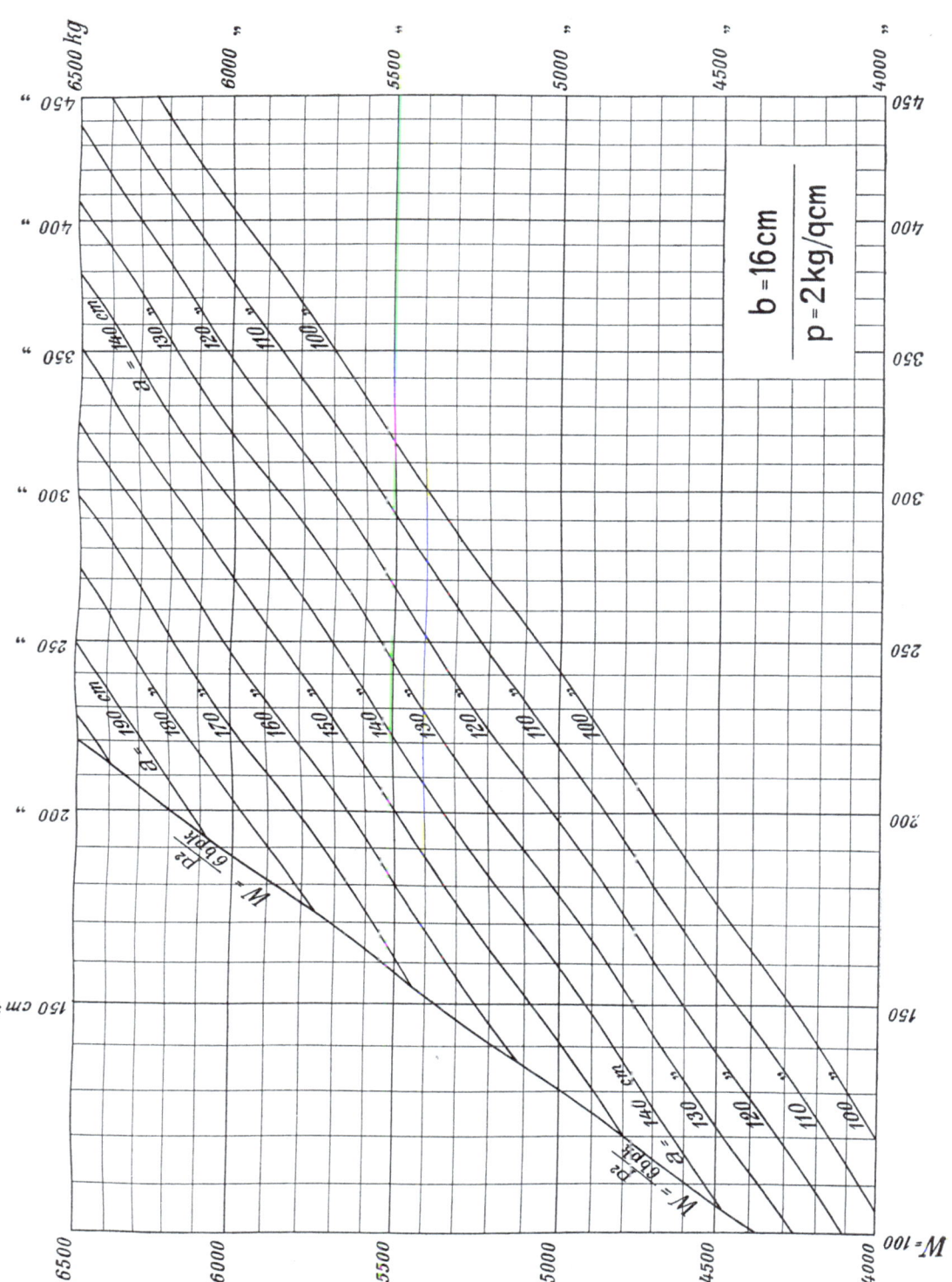

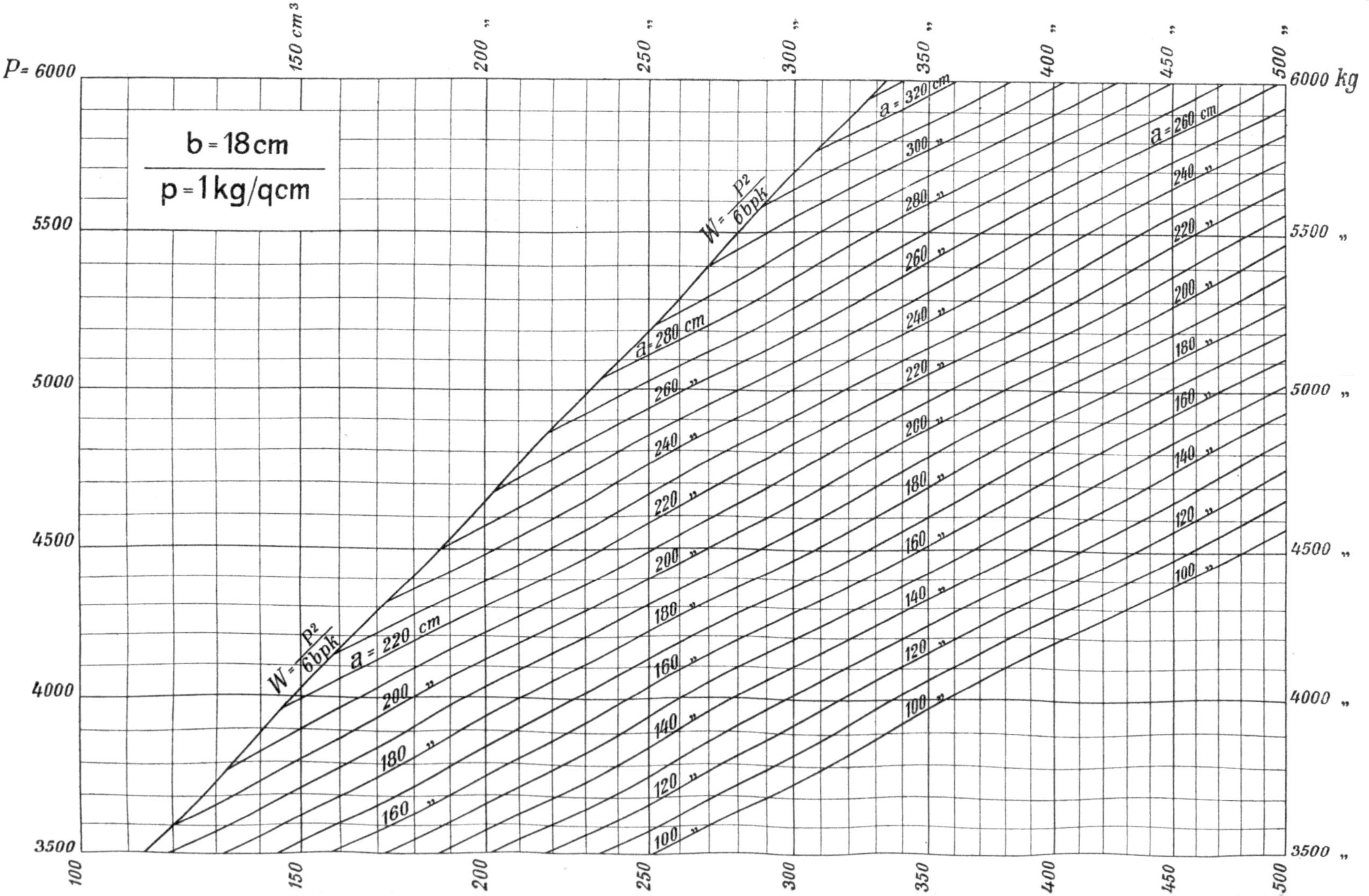

Tafel XIX.

$b = 18\,\text{cm}$
$p = 1\,\text{kg/qcm}$

$W = \dfrac{P \cdot a}{6 \cdot b \cdot p \cdot k}$

Tafel XX.

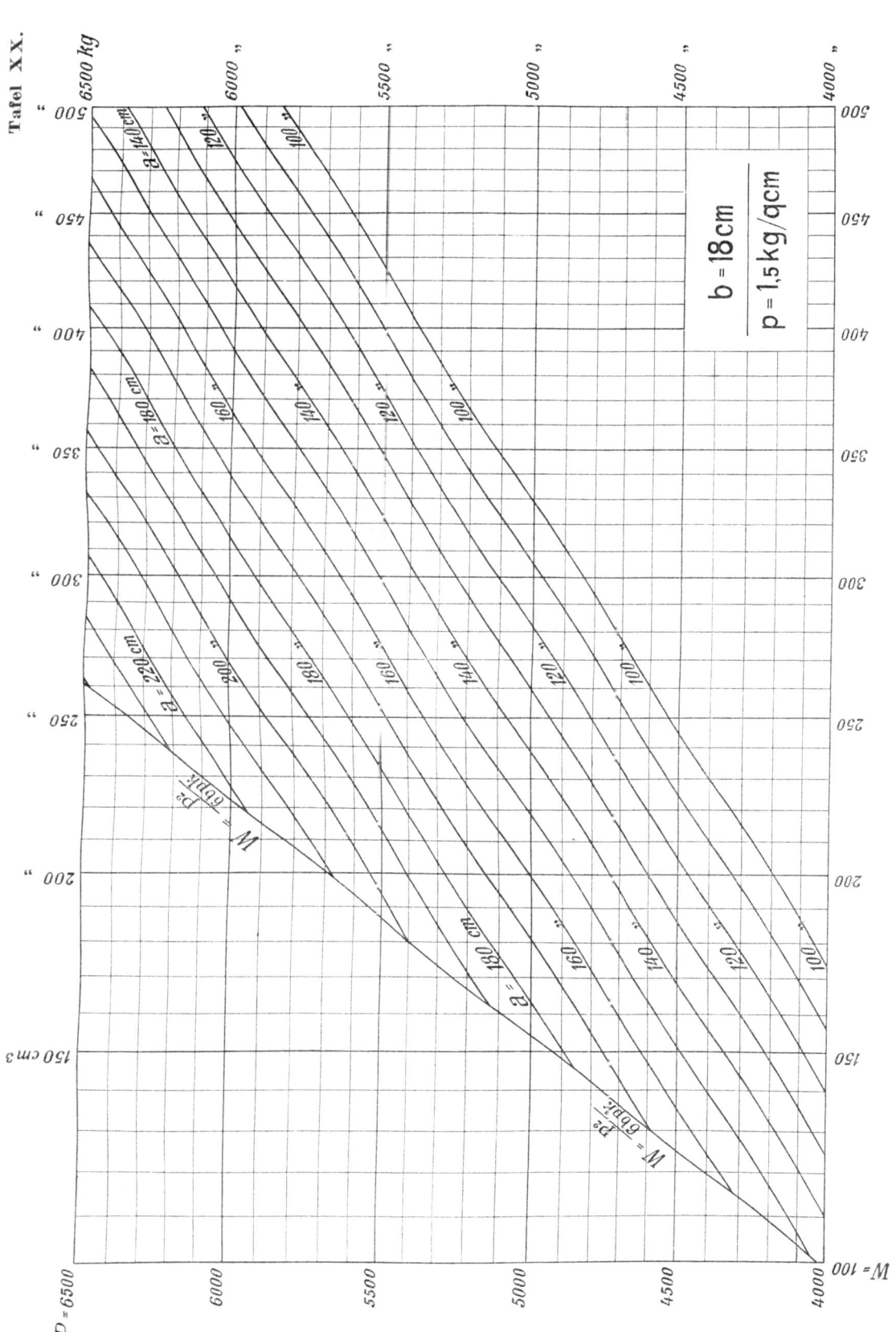

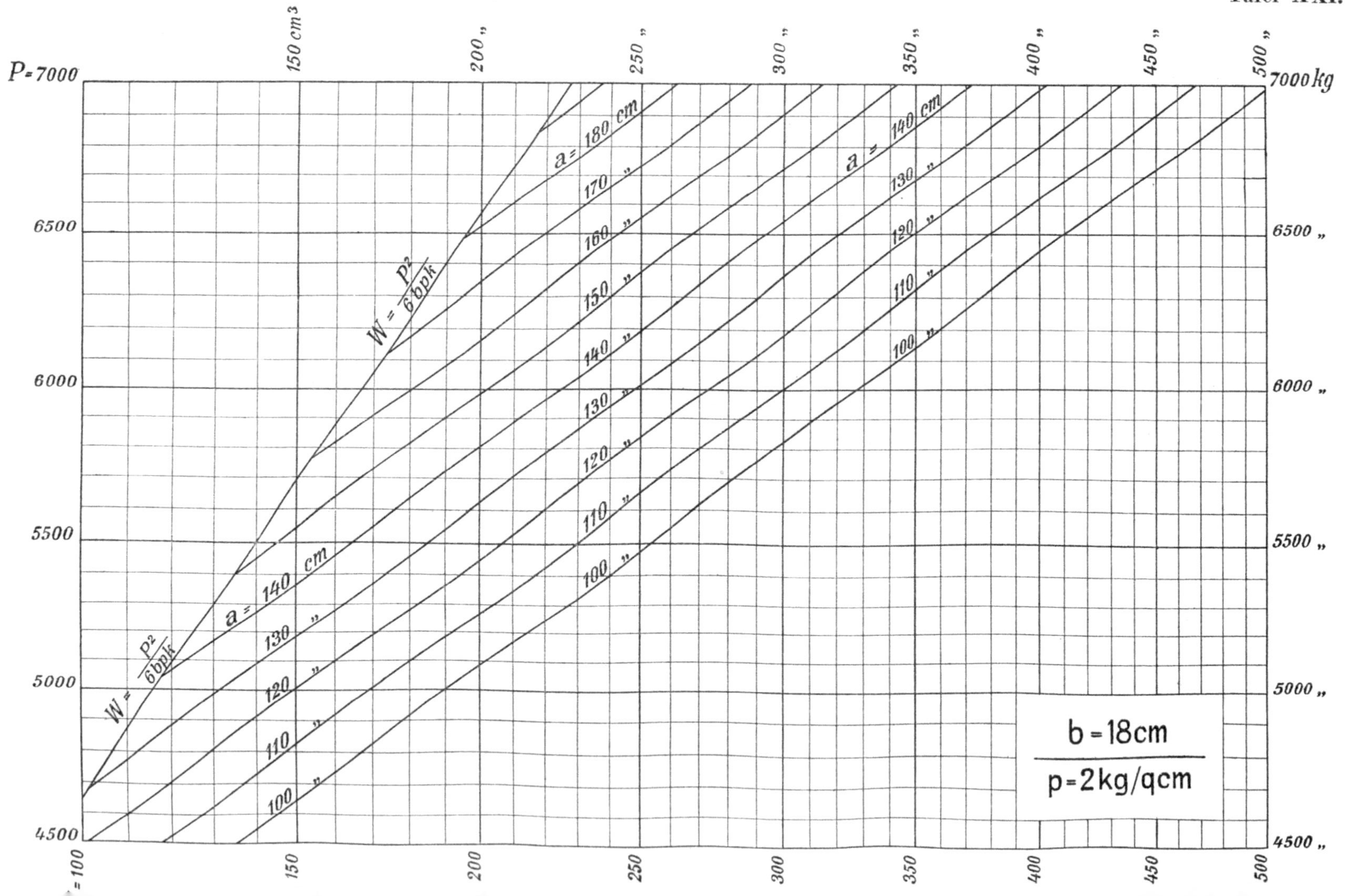

Tafel XXI.

$$\frac{b=18\,\text{cm}}{p=2\,\text{kg/qcm}}$$

$$W = \frac{P^2}{6\cdot b\cdot p\cdot k}$$

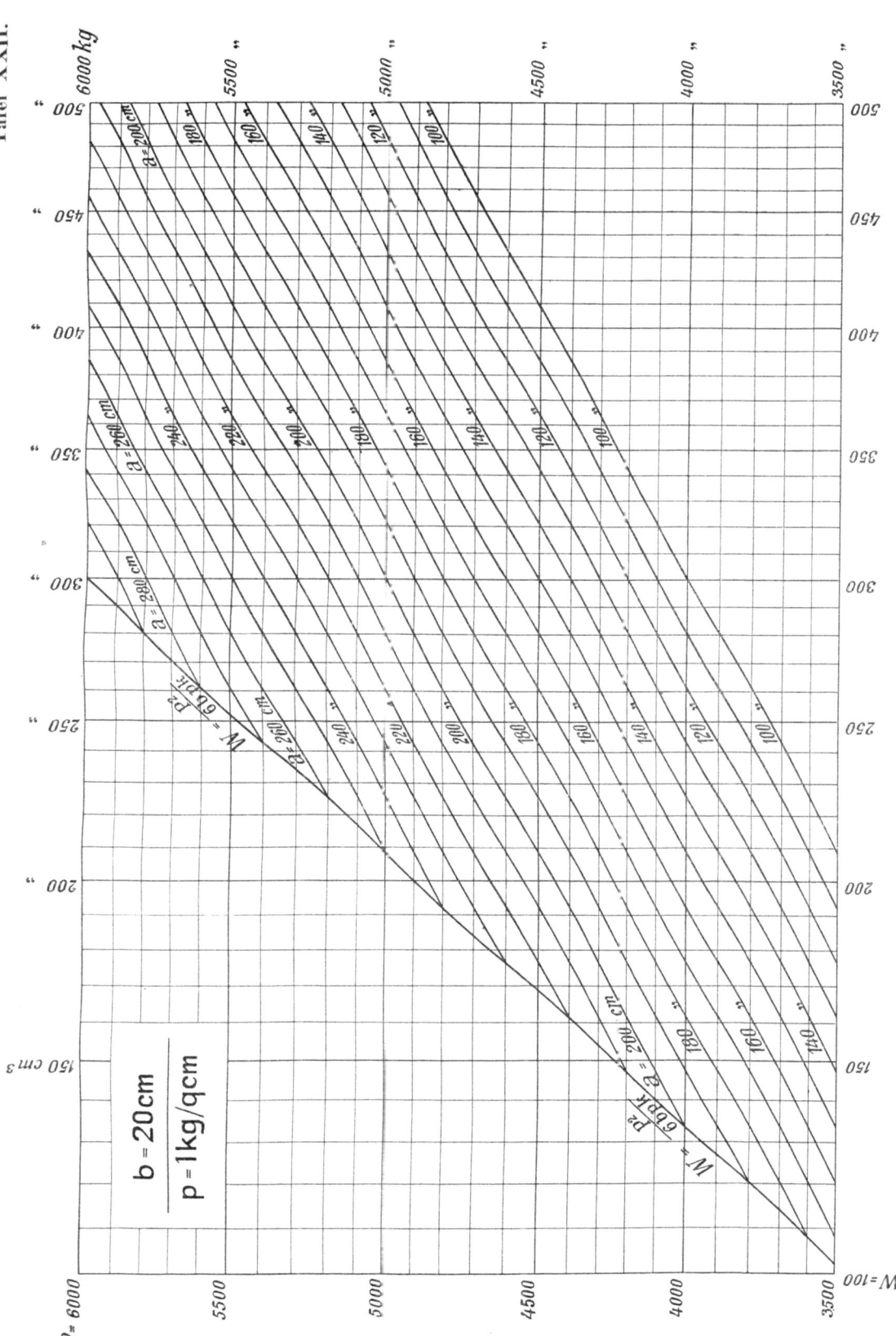

Tafel XXII.

Tafel XXIII.

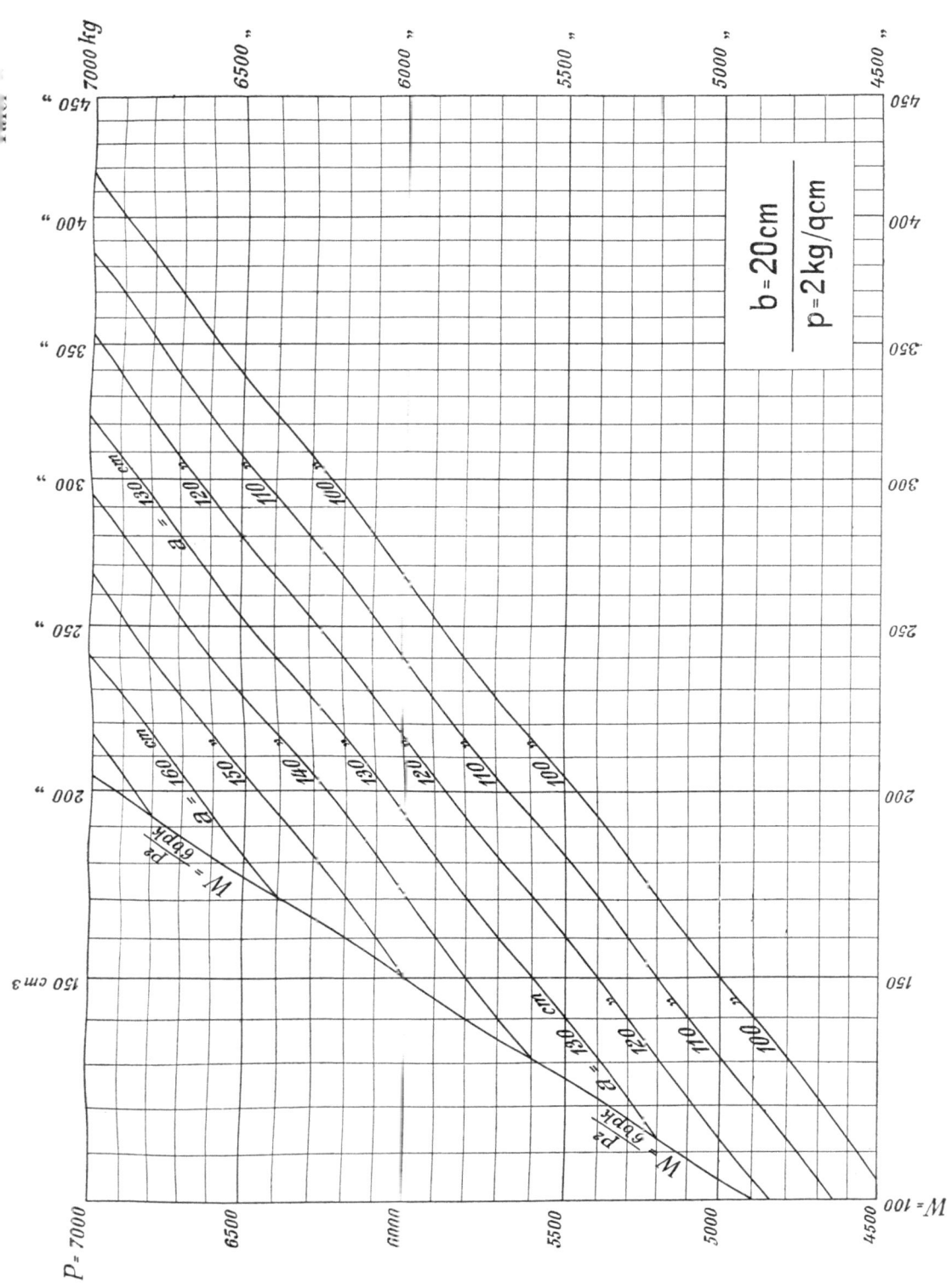

Verlag von Julius Springer in Berlin.

Die Berechnung von Gleis- und Weichenanlagen
vorzugsweise für Straßen- und Kleinbahnen.
Von Adolf Knelles,
Ingenieur der Bochum-Gelsenkirchener Straßenbahnen in Bochum.
Mit 44 Figuren im Text und auf einer Tafel.
Preis M. 3,—.

Taschenbuch zum Abstecken von Kreisbögen mit und ohne Übergangskurven für Eisenbahnen, Straßen und Kanäle.
Mit besonderer Berücksichtigung
der Eisenbahnen untergeordneter Bedeutung.
Von O. Sarrazin und H. Oberbeck.
Siebenundzwanzigste Auflage.
Mit 20 in den Text gedruckten Abbildungen.
In Leinwand gebunden Preis M. 3,—.

Die Ermüdung des Eisenbahnschienenmaterials.
Von Dipl.-Ing. Otto Wawrziniok,
Privatdozent an der Technischen Hochschule zu Dresden
und Adjunkt der Königl. Sächs. Mech.-Technischen Versuchsanstalt.
Mit 18 Textfiguren.
Preis M. 1,40.

Zusammenstellung der elektrisch betriebenen Haupt-, Neben- und nebenbahnähnlichen Kleinbahnen Europas nach dem Stande Mitte 1911.
Von Ingenieur Franz Stein,
Berlin-Friedenau.
Preis M. 3,60.

Die Große Berliner Straßenbahn und ihre Nebenbahnen. 1902—1911.
Denkschrift aus Anlaß der XIII. Vereinsversammlung
des Vereines Deutscher Straßenbahn- und Kleinbahnverwaltungen.
In Leinwand gebunden Preis M. 24,—.

Zeitschrift für Kleinbahnen.
Herausgegeben im Ministerium der öffentlichen Arbeiten.
(Mit den Mitteilungen des Vereins
Deutscher Straßenbahn- und Kleinbahn-Verwaltungen als besondere Beilage.)
Erscheint in monatlichen Heften.
Preis für den Jahrgang M. 15,—, für das Ausland zuzüglich Porto.

Zu beziehen durch jede Buchhandlung.

Verlag von Julius Springer in Berlin.

Die belgischen Vizinalbahnen. Von C. de Burlet, Generaldirektor der Société nationale des chemins de fer vicinaux. Übersetzt von Ingenieur Friedrich Egger, Brüssel. Mit einer Karte. Preis M. 2,—.

Die belgischen Kleinbahnen. Von Dr.=Ing. O. Kayser, Regierungsbaumeister a. D., Direktor der städtischen Vorortbahnen zu Cöln.
Preis M. 3,60.

Die Entwicklung der Großen Berliner Straßenbahn und ihre Bedeutung für die Verkehrsentwicklung Berlins. Von Dr. **Eduard Buchmann**, Berlin. Mit 8 Textfiguren. Preis M. 2,—.

Die Verwaltungspraxis bei Elektrizitätswerken und elektrischen Straßen- und Kleinbahnen. Von **Max Berthold**, Bevollmächtigter der Kontinentalen Gesellschaft für elektrische Unternehmungen und der Elektrizitäts-Aktiengesellschaft vormals Schuckert & Co. in Nürnberg.
In Leinwand gebunden Preis M. 8,—.

Buchführung und Bilanzen bei Nebenbahnen, Kleinbahnen und ähnlichen Verkehrsanstalten. Von **Otto Behrens**, Kassierer der Braunschweigischen Landes-Eisenbahn-Gesellschaft.
In Leinwand gebunden Preis M. 5,—

Städtebahnen. Mit besonderer Berücksichtigung des Entwurfs für eine Städtebahn zwischen Düsseldorf und Köln. Von Dr.=Ing. **Blum**, Professor an der Königlichen Technischen Hochschule zu Hannover. Mit 7 Textabbildungen und 1 lithographierten Tafel. Preis M. 1,—.

Das englische Eisenbahnwesen. Von **Johann Frahm †**, Regierungs- und Baurat, Mitglied der Kgl. Eisenbahndirektion Berlin. Mit 353 Textfiguren und 1 Eisenbahnkarte. Preis M. 20,—; in Leinwand gebunden M. 21,40.

Nordamerikanische Eisenbahnen. Ihre Verwaltung und Wirtschaftsgebarung. Von **W. Hoff**, Geheimer Oberregierungsrat und **F. Schwabach.**
Preis M. 8,—.

Die Verwaltung der Eisenbahnen. Die Verwaltungstätigkeit der Preußischen Staatsbahn in der Gesetzgebung, der Aufsicht und dem Betriebe unter Vergleich mit anderen Eisenbahnen. Von **L. Wehrmann**, Wirklicher Geheimer Rat. Preis M. 7,—.

Zu beziehen durch jede Buchhandlung.

Verlag von Julius Springer in Berlin.

Die Beleuchtung von Eisenbahn-Personenwagen mit besonderer Berücksichtigung der elektrischen Beleuchtung. Von Dr. **Max Büttner.** Zweite, vollständig umgearbeitete Auflage. Mit 108 Textabbildungen.
In Leinwand gebunden Preis M. 7,—.

Die Dampflokomotiven der Gegenwart. Betrachtungen über den Bau und Betrieb, unter besonderer Berücksichtigung der Erfahrungen an den mit Schmidtschen Überhitzeinrichtungen gebauten Heißdampflokomotiven der Preußischen Staatseisenbahnverwaltung. Ein Handbuch für Lokomotivbauer, Eisenbahnbetriebsbeamte und Studierende des Maschinenbaufachs. Von **Robert Garbe,** Geheimem Baurat, Mitglied der Kgl. Eisenbahndirektion Berlin. Mit 388 Textabbildungen und 24 lithograph. Tafeln.
In Leinwand geb. Preis M. 24,—.

Theoretisches Lehrbuch des Lokomotivbaues. Die Lokomotivkraft, die Bewegung, Führung, Ausprobierung und das Entwerfen der Lokomotiven. Im Auftrage des Vereins Deutscher Maschinen-Ingenieure bearbeitet von **F. Leitzmann,** Geh. Baurat, und **v. Borries †,** Geh. Regierungsrat und Professor. Mit 455 Textfiguren.
Preis M. 34,—; in Leinwand gebunden M. 36,—

Ölfeuerung für Lokomotiven mit besonderer Berücksichtigung der Versuche mit Teerölzusatzfeuerung bei den preußischen Staatsbahnen. Nach einem im Verein Deutscher Maschinen-Ingenieure zu Berlin gehaltenen Vortrage. Von Regierungsbaumeister **L. Sussmann,** Limburg (Lahn). Mit 41 Textfiguren
Preis M. 3,—

Geschwindigkeitsmesser für Motorfahrzeuge und Lokomotiven. Von **Fr. Pflug,** Regierungsbaumeister. Herausgegeben vom Mitteleuropäischen Motorwagenverein. Mit 312 Textfiguren.
In Leinwand gebunden Preis M. 9,—.

Die Bahnmotoren für Gleichstrom. Ihre Wirkungsweise, Bauart und Behandlung. Ein Handbuch für Bahntechniker. Von **M. Müller,** Oberingenieur der Westinghouse-Elektrizitäts-Aktiengesellschaft, und **W. Mattersdorff,** Abteilungsvorstand der Allgemeinen Elektrizitäts-Gesellschaft. Mit 231 Textfiguren und 11 lithogr. Tafeln, sowie einer Übersicht der ausgeführten Typen.
In Leinwand gebunden Preis M. 15,—.

Handbuch des Eisenbahnmaschinenwesens. Unter Mitwirkung von hervorragenden Fachmännern herausgegeben von **Ludwig Ritter von Stockert,** Professor an der k. k. Technischen Hochschule in Wien.
I. Band: Fahrbetriebsmittel. Mit 650 Textabbildungen.
Preis M. 32,—; in Leinwand gebunden M. 34,—.
II. Band: Zugförderung. Mit 591 Textabbildungen.
Preis M. 32,—; in Leinwand gebunden M. 34,—.
III. (Schluß-)Band: Werkstätten. Mit 471 Textabbildungen und 6 Tafeln.
Preis M. 16,—; in Leinwand geb. M. 18,—.

Zu beziehen durch jede Buchhandlung.

Verlag von Julius Springer in Berlin.

Die Grundlagen der deutschen Material- und Bauvorschriften für Deutschland. Von **R. Baumann,** Professor an der Kgl. Technischen Hochschule Stuttgart. Mit einem Vorwort von Dr.-Ing. **C. v. Bach,** Kgl. Württ. Baudirektor, Professor des Maschineningenieurwesens an der Kgl. Technischen Hochschule Stuttgart, Vorstand des Ingenieurlaboratoriums und der Materialprüfungsanstalt an derselben. Mit 38 Textfiguren.
Preis M. 2,80.

Elastizität und Festigkeit. Die für die Technik wichtigsten Sätze und deren erfahrungsmäßige Grundlage. Von Prof. Dr.-Ing. **C. Bach,** Stuttgart. Sechste, vermehrte Auflage. Mit Textabbildungen und 20 Lichtdrucktafeln.
In Leinwand gebunden Preis **M. 20,—.**

Handbuch des Materialprüfungswesens für Maschinen- und Bauingenieure. Von Dipl.-Ing. **Otto Wawziniok,** Adjunkt an der Kgl. Technischen Hochschule zu Dresden. Mit 501 Textfiguren.
In Leinwand gebunden Preis **M. 20,—.**

Technische Schwingungslehre. Einführung in die Untersuchung der für den Ingenieur wichtigsten periodischen Vorgänge aus der Mechanik starrer, elastischer, flüssiger und gasförmiger Körper sowie aus der Elektrizitätslehre. Von Dr. **Wilhelm Hort,** Dipl.-Ing. Mit 87 Textfiguren.
Preis **M. 5,60**; in Leinwand gebunden **M. 6,40.**

Kran- und Transportanlagen für Hütten-, Hafen-, Werft- und Werkstattbetriebe unter besonderer Berücksichtigung ihrer Wirtschaftlichkeit. Von Dipl.-Ing. **C. Michenfelder.** Mit 703 Textfiguren.
In Leinwand gebunden Preis **M. 26,—.**

Hilfsbuch für den Maschinenbau. Für Maschinentechniker sowie für den Unterricht an technischen Lehranstalten. Von Prof. **Fr. Freytag,** Lehrer an den Technischen Staatslehranstalten zu Chemnitz. Vierte, vermehrte und verbesserte Auflage. Mit 1108 Textfiguren, 10 Tafeln und einer Beilage für Österreich.
In Leinwand gebunden Preis M. 10,—; in Leder gebunden M. 12,—.

Hilfsbuch für die Elektrotechnik. Unter Mitwirkung namhafter Fachgenossen bearbeitet und herausgegeben von Professor Dr. **Karl Strecker,** Geh. Oberpostrat. Achte, umgearbeitete und vermehrte Auflage. Mit 800 Figuren.
In Leinwand gebunden Preis **M. 18,—.**

Taschenbuch für Bauingenieure. Unter Mitwirkung zahlreicher Fachgelehrter herausgegeben von Professor **M. Foerster,** Dresden. Mit 2723 Textfiguren.
In Leinwand gebunden Preis **M. 20,—.**

Die Betriebsleitung insbesondere der Werkstätten. Autorisierte deutsche Ausgabe der Schrift: „Shop management" von **Fred W. Taylor,** Philadelphia. Von **A. Wallichs,** Professor an der Technischen Hochschule zu Aachen. Zweite, vermehrte Auflage. Mit 15 Figuren und 2 Zahlentafeln.
In Leinwand gebunden Preis **M. 6,—.**

Werkstattstechnik. Zeitschrift für Anlage und Betrieb von Fabriken und für Herstellungsverfahren. Herausgegeben von Dr.-Ing. **G. Schlesinger,** Professor an der Technischen Hochschule zu Berlin. Jährlich 24 Hefte.
Preis des Jahrgangs **M. 12,—.**

Zu beziehen durch jede Buchhandlung.

MIX
Papier aus verantwortungsvollen Quellen
Paper from responsible sources
FSC® C105338

If you have any concerns about our products,
you can contact us on
ProductSafety@springernature.com

In case Publisher is established outside the EU,
the EU authorized representative is:
**Springer Nature Customer Service Center GmbH
Europaplatz 3, 69115 Heidelberg, Germany**

Printed by Libri Plureos GmbH
in Hamburg, Germany